中国重要农业文化遗产系列读本

闵庆文　邵建成　◎丛书主编

湖南新化紫鹊界梯田

HUNAN XINHUA ZIQUEJIE TITIAN

白艳莹　闵庆文　左志锋　主编

中国农业出版社

农村读物出版社

图书在版编目（ＣＩＰ）数据

湖南新化紫鹊界梯田 / 白艳莹，闵庆文，左志锋主编．— 北京：中国农业出版社，2017.8
（中国重要农业文化遗产系列读本 / 闵庆文，邵建成主编）
ISBN 978-7-109-22802-3

Ⅰ．①湖… Ⅱ．①白… ②闵… ③左… Ⅲ．①梯田—研究—新化县 Ⅳ．① K296.44 ② S157.3

中国版本图书馆CIP数据核字（2017）第053013号

中国农业出版社出版
（北京市朝阳区麦子店街18号楼）
（邮政编码 100125）
文字编辑 刘宁波 吕睿
责任编辑 黄曦

北京中科印刷有限公司印刷 新华书店北京发行所发行
2017年8月第1版 2017年8月北京第1次印刷

开本：710mm×1000mm 1/16 印张：12.25
字数：240千字
定价：49.00元
（凡本版图书出现印刷、装订错误，请向出版社发行部调换）

序言一

我国是历史悠久的文明古国，也是幅员辽阔的农业大国。长期以来，我国劳动人民在农业实践中积累了认识自然、改造自然的丰富经验，并形成了自己的农业文化。农业文化是中华五千年文明发展的物质基础和文化基础，是中华优秀传统文化的重要组成部分，是构建中华民族精神家园、凝聚炎黄子孙团结奋进的重要文化源泉。

党的十八大提出，要"建设优秀传统文化传承体系，弘扬中华优秀传统文化"。习近平总书记强调指出，"中华优秀传统文化已经成为中华民族的基因，植根在中国人内心，潜移默化影响着中国人的思想方式和行为方式。今天，我们提倡和弘扬社会主义核心价值观，必须从中汲取丰富营养，否则就不会有生命力和影响力。"云南哈尼族稻作梯田、江苏兴化垛田、浙江青田稻鱼共生系统，无不折射出古代劳动人民吃苦耐劳的精神，这是中华民族的智慧结晶，是我们应当珍视和发扬光大的文化瑰宝。现在，我们提倡生态农业、低碳农业、循环农业，都可以从农业文化遗产中吸收营养，也需要从经历了几千年自然与社会考验的传统农业中汲取经验。实践证明，做好重要农业文化遗产的发掘保护和传承利用，对于促进农业可持续发展、带动遗产地农民就业增收、传承农耕文明，都具有十分重要的作用。

中国政府高度重视重要农业文化遗产保护，是最早响应并积极支持联合国粮农组织全球重要农业文化遗产保护的国家之一。经过十几年工作实践，我国已经初步形成"政府主导、多方参与、分级管理、利益共享"的农业文化遗产保护管理机制，有力地促进了农业文化遗产的挖掘和保护。2005年以来，已有11个遗产地列入"全球重要农业文化遗产名录"，数量名列世界各国之首。中国是第一个开展国家级农业文化遗产认定的国家，是第一个制定农业文化遗产保护管理办法的国家，也是第一个开展全国性农业文化遗产普查的国家。2012年以来，农业部分三批发布了62项"中国重要农业文化遗产"，2016年发布了28项全球重要农业文化遗产预备名单。2015年颁布了《重要农业文化遗产管理办法》，2016年初步普查确定了具有潜在保护价值的传统农业生产系统408项。同时，中国对联合国粮农组织全球重要农业文化遗产保护项目给予积极支持，利用南南合作信托基金连续举办国际培训班，通过APEC、G20等平台及其他双边和多边国际合作，积极推动国际农业文化遗产保护，对世界农业文化遗产保护做出了重要贡献。

当前，我国正处在全面建成小康社会的决定性阶段，正在为实现中华民族伟大复兴的中国梦而努力奋斗。推进农业供给侧结构性改革，加快农业现代化建设，实现农村全面小康，既要借鉴世界先进生产技术和经验，更要继承我国璀璨的农耕文明，弘扬优秀农业文化，学习前人智慧，汲取历史营养，坚持走中国特色农业现代化道路。《中国重要农业文化遗产系列读本》从历史、科学和现实三个维度，对中国农业文化遗产的产生、发展、演变以及农业文化遗产保护的成功经验和做法进行了系统梳理和总结，是对农业文化遗产保护宣传推介的有益尝试，也是我国农业文化遗产保护工作的重要成果。

我相信，这套丛书的出版一定会对今天的农业实践提供指导和借鉴，必将进一步提高全社会保护农业文化遗产的意识，对传承好弘扬好中华优秀文化发挥重要作用！

农业部部长
2017年6月

湖南新化紫鹊界梯田
序言二

　　自有人类历史文明以来，勤劳的中国人民运用自己的聪明智慧，与自然共融共存，依山而住、傍水而居，经过一代代努力和积累，创造出了悠久而灿烂的中华农耕文明，成为中华传统文化的重要基础和组成部分，并曾引领世界农业文明数千年，其中所蕴含的丰富的生态哲学思想和生态农业理念，至今对于国际可持续农业的发展依然具有重要的指导意义和参考价值。

　　针对工业化农业所造成的农业生物多样性丧失、农业生态系统功能退化、农业生态环境质量下降、农业可持续发展能力减弱、农业文化传承受阻等问题，联合国粮农组织（FAO）于2002年在全球环境基金（GEF）等国际组织和有关国家政府的支持下，发起了"全球重要农业文化遗产（GIAHS）"项目，以发掘、保护、利用、传承世界范围内具有重要意义的，包括农业物种资源与生物多样性、传统知识和技术、农业生态与文化景观、农业可持续发展模式等在内的传统农业系统。

　　全球重要农业文化遗产的概念和理念甫一提出，就得到了国际社会的广泛响应和支持。截至2014年年底，已有13个国家的31项传统农业系统被列入GIAHS保护名录。经过努力，在2015年6月结束的联合国粮农组织大会上，已明确将GIAHS工作作为一项重要工作，纳入常规预算支持。

中国是最早响应并积极支持该项工作的国家之一，并在全球重要农业文化遗产申报与保护、中国重要农业文化遗产发掘与保护、推进重要农业文化遗产领域的国际合作、促进遗产地居民和全社会农业文化遗产保护意识的提高、促进遗产地经济社会可持续发展和传统文化传承、人才培养与能力建设、农业文化遗产价值评估和动态保护机制与途径探索等方面取得了令世人瞩目的成绩，成为全球农业文化遗产保护的榜样，成为理论和实践高度融合的新的学科生长点、农业国际合作的特色工作、美丽乡村建设和农村生态文明建设的重要抓手。自2005年"浙江青田稻鱼共生系统"被列为首批"全球重要农业文化遗产系统"以来的10年间，我国已拥有11个全球重要农业文化遗产，居于世界各国之首；2012年开展中国重要农业文化遗产发掘与保护，2013年和2014年共有39个项目得到认定，成为最早开展国家级农业文化遗产发掘与保护的国家；重要农业文化遗产管理的体制与机制趋于完善，并初步建立了"保护优先、合理利用，整体保护、协调发展，动态保护、功能拓展，多方参与、惠益共享"的保护方针和"政府主导、分级管理、多方参与"的管理机制；从历史文化、系统功能、动态保护、发展战略等方面开展了多学科综合研究，初步形成了一支包括农业历史、农业生态、农业经济、农业政策、农业旅游、乡村发展、农业民俗以及民族学与人类学等领域专家在内的研究队伍；通过技术指导、示范带动等多种途径，有效保护了遗产地农业生物多样性与传统文化，促进了农业与农村的可持续发展，提高了农户的文化自觉性和自豪感，改善了农村生态环境，带动了休闲农业与乡村旅游的发展，提高了农民收入与农村经济发展水平，产生了良好的生态效益、社会效益和经济效益。

习近平总书记指出，农耕文化是我国农业的宝贵财富，是中华文化的重要组成部分，不仅不能丢，而且要不断发扬光大。农村是我国传统文明的发源地，乡土文化的根不能断，农村不能成为荒芜的农村、留守的农村、记忆中的故园。这是对我国农业文化遗产重要性的高度概括，也为我国农业文化遗产的保护与发展指明了方向。

　　尽管中国在农业文化遗产保护与发展上已处于世界领先地位，但比较而言仍然属于"新生事物"，仍有很多人对农业文化遗产的价值和保护重要性缺乏认识，加强科普宣传仍然有很长的路要走。在农业部农产品加工局（乡镇企业局）的支持下，中国农业出版社组织、闵庆文研究员担任丛书主编的这套"中国重要农业文化遗产系列读本"，无疑是农业文化遗产保护宣传方面的一个有益尝试。每本书均由参与遗产申报的科研人员和地方管理人员共同完成，力图以朴实的语言、图文并茂的形式，全面介绍各农业文化遗产的系统特征与价值、传统知识与技术、生态文化与景观以及保护与发展等内容，并附以地方旅游景点、特色饮食、天气条件。可以说，这套书既是读者了解我国农业文化遗产宝贵财富的参考书，同时又是一套农业文化遗产地旅游的导游书。

　　我十分乐意向大家推荐这套丛书，也期望通过这套书的出版发行，使更多的人关注和参与到农业文化遗产的保护工作中来，为我国农业文化的传承与弘扬、农业的可持续发展、美丽乡村的建设做出贡献。

　　是为序。

李文华

中国工程院院士

联合国粮农组织全球重要农业文化遗产指导委员会主席

农业部全球/中国重要农业文化遗产专家委员会主任委员

中国农学会农业文化遗产分会主任委员

中国科学院地理科学与资源研究所自然与文化遗产研究中心主任

2015年6月30日

　　紫鹊界梯田位于湖南省娄底市新化县，是典型的稻作梯田系统。当地居民需要的口粮、蔬菜等食物基本来源于梯田系统，来自梯田种养业的收入占农民收入的三分之一左右。"湖南新化紫鹊界梯田"于2013年被农业部列入第一批中国重要农业文化遗产（China-NIAHS），2014年被国际灌溉排水委员会列为首批世界灌溉工程遗产，2016年被农业部列入中国全球重要农业文化遗产（GIAHS）预备名单，此外还获得了国家AAAA级旅游景区、国家级风景名胜区、国家自然与文化双遗产、国家水利风景名胜区等多个资质。

　　紫鹊界梯田与周围的地势地貌、生态环境、民族建筑高度结合，具有传统风情的干栏式民居与风水林木一道错落有致地点缀在层层叠叠的梯田之间构成了融梯田景观、气象景观、传统民居建筑、森林生态景观于一体的综合景观，令人心驰神往。紫鹊界梯田具有丰富的生物多样性，以黑香贡米和红香米为代表的水稻品种为其最具代表性的农作物种质资源。同时，紫鹊界梯田还具有水源涵养和水土保持等重要的生态服务功能。

　　紫鹊界历史上曾经是一个苗族、瑶族、侗族、汉族多民族融合的地区，独特的自然条件、丰富的物产、耕作与渔猎相结合的生产方式和长期的多民族融合等诸多因素，共同造就了以梅山文化为代表的丰富多样且富有特色的地方传统文化。梅山傩戏、梅山武术、新化山歌等文化艺术引人入胜，有板屋特色的传统村落点缀在梯田中间错落有致，水车鱼冻等特色美食让人唇齿留香，历史上无数文人骚客在此留下了无数的动人篇章。

紫鹊界梯田是南方稻作文化与苗瑶山地渔猎文化融化揉合的历史文化遗存。秦汉时期这里已经有人类居住，宋朝开始有关于梯田开垦的文字记载。紫鹊界先民因地制宜地开凿梯田，创造了巧夺天工的自流灌溉系统，并形成了与环境相适应的传统耕作方式，成为水土保持生态系统工程的典型范例，至今仍能被有效运用，且能够维持当地居民正常的生产、生活，保障了农业可持续发展，具有重要的推广价值。

本书是中国农业出版社策划出版的"中国重要农业文化遗产系列读本"之一，旨在为广大读者打开一扇了解紫鹊界梯田的窗户，提高全社会对农业文化遗产及其价值的认识和保护意识。全书包括8个部分："引言"简要介绍了紫鹊界梯田的概况；"追溯梯田王国的辉煌历史"介绍了紫鹊界梯田的发展历史和重要意义；"细数紫鹊界梯田的生计贡献"介绍了紫鹊界梯田在维持当地生计安全中的重要作用；"领略紫鹊界梯田的生态服务"介绍了紫鹊界梯田优美的景观、丰富的生物多样性以及水源涵养和水土保持等多种生态系统服务功能；"发掘传统农业的技术精华"介绍了紫鹊界梯田高效的复合生态种养模式、巧夺天工的自流灌溉系统以及梯田修建与维护、水稻种植、旱地稗子栽种、地力维持、病虫害防治等传统农业技术和相应农业工具；"感受梅山深处的紫鹊风情"介绍了紫鹊界的宗教信仰、文化艺术、节庆习俗、传统建筑、特色饮食、文学作品等；"加强紫鹊界梯田的保护传承"介绍了紫鹊界梯田保护与发展的现状、面临的挑战与机遇、措施；"附录"部分简要介绍了遗产地旅游资讯、遗产保护大事记以及全球/中国重要农业文化遗产名录。

本书是在湖南新化紫鹊界梯田全球重要农业文化遗产申报文本和保护与发展规划的基础上，通过进一步调研编写完成的，是集体智慧的结晶。全书由闵庆文、白艳莹设计框架并统稿。编写过程中，得到了李文华院士的具体指导，新化县前任与现任领导以及紫鹊界梯田—梅山龙宫风景名胜管理处有关领导给予了大力支持，在此一并表示感谢！

由于水平有限，难免存在不当甚至谬误之处，敬请读者批评指正。

编者

2016年8月17日

　　湖南新化紫鹊界梯田位于中国湖南省中部娄底市新化县，属于雪峰山中部的新化奉家山体系。紫鹊界梯田原是一个养在深闺人不识的偏远之地，近些年来逐渐揭开了神秘的面纱，先后被评为国家自然与文化双遗产、国家级风景名胜区、国家水利风景名胜区、国家AAAA级旅游景区、中国重要农业文化遗产以及首批世界灌溉工程遗产。

　　新化县下辖26个乡镇，总面积3 642平方千米，总人口约140万。新化紫鹊界梯田农业文化遗产地的核心保护区包括水车、奉家和文田3个镇，介于北纬27°28′～27°45′，东经110°52′～111°00′之间，下辖83个村庄，面积为460平方千米，总人口约9万。紫鹊界梯田依山就势而造，因其规模庞大、数量众多、坡度陡峭、田块小巧、形态优美，享有"梯田王国"的美誉。

　　紫鹊界梯田是典型的稻作梯田农业生态系统，是由当地苗、瑶、侗、汉等民族原住民共同创造的。这里秦汉时期已有人类居住，宋朝已有关于梯田开垦的文字记载，并具备相当规模，盛于明清。

紫鹊界梯田是集森林、民居、梯田、水系交错于一体的立体景观。千百年来，紫鹊界先民根据地形、地质、土壤、森林植被及水源特征，因地制宜地开凿梯田，并以简易的工程设施，实现了有效的自流灌溉，并形成了与环境相适应的传统耕作方式，至今仍广泛沿用，成为水土保持生态系统工程的典型范例。

紫鹊界梯田具有生计安全保障、生物多样性保护、水源涵养、水土保持等多种重要的生态服务功能。当地以黑香贡米和红香米为代表的传统水稻品种资源，经过长期自然选择，品质优良，成为天然的物种基因库。紫鹊界梯田是南方稻作文化与苗瑶山地渔猎文化融合的历史文化遗存，梅山文化、农耕文化、宗教信仰、民居建筑、饮食风俗等均具有地方特色，传统文化资源十分丰富。

目前，随着城镇化和工业化的快速推进，受年轻劳动力外流、农业生产劳动强度大、比较效益低等影响，传统农作技术、传统水稻等品种面临遗失，梯田基础设施建设滞后，面临旱化的威胁。2013年，紫鹊界梯田入选中国重要农业文化遗产，当地政府和社会各界开始启动一系列工作，拉开了紫鹊界梯田农业文化遗产保护与发展的序幕。目前紫鹊界梯田正在申报全球重要农业文化遗产，这无疑将对其实行动态保护、适应性管理和可持续发展起到积极的推动作用。

追溯梯田王国
的辉煌历史

一

湖南新化紫鹊界梯田

（一）
走进蚩尤故里

　　新化县位于湖南中部、资水中游、雪峰山东南麓，是梅山文化的核心区域，有着中国梅山文化艺术之乡、中国蚩尤故里文化之乡、全国武术之乡、中国山歌艺术之乡、中华诗词之乡的美称。近年来，新化县推出《蚩尤故里·天下梅山》《蚩尤故里·多彩新化》等一系列宣传片，开展了一系列的宣传活动。2006年10月，于新化召开的"中国第四届梅山文化研讨会"上，中国民间文艺家协会根据国内外一系列知名民族文化专家的考察和认证，正式发文授予湖南新化县"中国蚩尤故里文化之乡"的称号。湖南省情研究中心周行易先生的《新化"蚩尤故里"考辨》一文，对此进行了详细的论述。尽管目前对"新化是蚩尤故里"这一观点尚存在一定的质疑和批评，但新化作为梅山文化的核心区和"蚩尤屋场"所在地，被称为"蚩尤故里"，也有一定的道理。

紫鹊界（袁小锋/摄）

1. 紫鹊界的名称由来

也许人们都听说过"紫鹊界",一个诗意优美、充满仙气的名字,一个梦幻虚缈、令人向往的地方。然而紫鹊界名字的来历,很多人却并不知晓。紫鹊界就位于有"蚩尤故里"之称的新化县,当地流传着"止客界""纸钱界""纸鹊界""紫鹊界"等不同版本的传说,也诉说着紫鹊界悲怆的历史演变。

(1)名称一:止客界

紫鹊界系雪峰山脉中部的奉家山体系,是新化著名的高寒地区,其中有一段垂直高度为600米的陡坡,因山高坡陡,青石板路不得不以"之"字形拾级而上,让人望而却步,故名"止客界"。对"止客界"的名称还有另一种解读。紫鹊界当地流传着一句谚语:"天下大乱,此地无忧;天下大旱,此地有收。"紫鹊界一带得天独厚,崇山峻岭中的基岩裂隙孔隙水十分丰富,哪里有裂隙,哪里就有水冒出来。成土母质为花岗岩风化物,地表为沙壤,疏松透水,虽是高山,大旱之年也从不干涸,满山树木葱茏,水稻年年丰收。因山美水美、田美人美,客人被此地的风景所迷,不愿意离开,止步欣赏美景,所以也称"止客界"。

(2)名称二:纸钱界

紫鹊界地区曾经是苗、瑶、侗民族杂居之地,古时这一带多深山密林、幽谷深涧和山洞,几乎与外界隔绝。相传这里的居民乃盘瓠的后裔。历代史籍对其称谓不尽相同,春秋战国时称"荆蛮",汉代称"长沙蛮",隋代称"莫徭",唐代称"梅山蛮"。梅山蛮坚忍自立,他们在这块土地上生息繁衍,不仅创造了不朽的梯田稻作文明,而且和汉族同胞一起创造了灿烂的梅山文化。然而,在历史上,沉重的赋税和灾荒曾激发了苗、瑶、汉民的斗争。据广西《奉氏家族文化》与新化《奉氏族谱》记载:"南宋绍熙四年,因南蛮猖獗,时任邵州招讨使的奉朝瑞与高皇城奉命率族南征,驻军江东(今属溆浦县)、锡溪(今属水车镇),从是年冬十一月至翌年夏,大小60余战,降服36峒。"水车镇杨氏宗祠内杨天绥像的碑文记载:"元至元年间,天下大乱,枭雄蜂起,天绥为朝廷,保南山护乡民,勇抗敌寇,被暗箭所伤捐躯,英年32岁。"

特别是自明正德三年(1508年)至明万历十一年(1583年)期间,

由于饥荒，持续发生了以李再万、李再昊、李廷禄为首的大规模瑶民起义，后遭到镇压。在这场长达75年之久的官民之战中，瑶民死伤无数，千万尸骨撒遍紫鹊界的山山岭岭，至今留有杀人地名，如"杀人场""踩尸坳""死人岭"等。后人常备纸钱纪念亡灵。当地经常看得见满山青烟缭绕、白纸飘飘，因而也叫"纸钱界"。直到现在，紫鹊界的村民清明时节制作的"青团"，也是最漂亮的。

（3）名称三：纸鹊界

相传清初，紫鹊界双林村有个奇人叫李万王，他推算县城北曹家镇的天子山上会出天子，因而想辅佐天子打天下。他在屋里夜以继日地剪纸人纸马，只等天子一出世，这些纸人纸马将化作天兵天将帮天子打天下。李万王就这样剪了三年，再有半年便可以将"兵马"备齐。他的弟弟对他的奇怪举动早有疑惑。有一天，李万王去菜地了，弟弟偷偷打开房门，数万纸人纸马一见光就活了，"轰"的一声腾空而起，向纸钱界上飞去。李万王见势不妙，赶紧放箭向纸人射去，只见它们纷纷落地，掉落在纸钱界高高低低的梯田里，而那支箭继续飞行，进了皇宫，插在了殿柱上。正在上朝的皇帝大吃一惊，急令缉拿凶犯。这样追查下来，终于查清了是李万王射出的箭，便将他杀害。人们为了纪念奇人李万王，遂将纸钱界更名为"纸鹊界"。

（4）名称四：紫鹊界

以上这些名字大多让人感到压抑，后有文人墨客听了这些动人的传

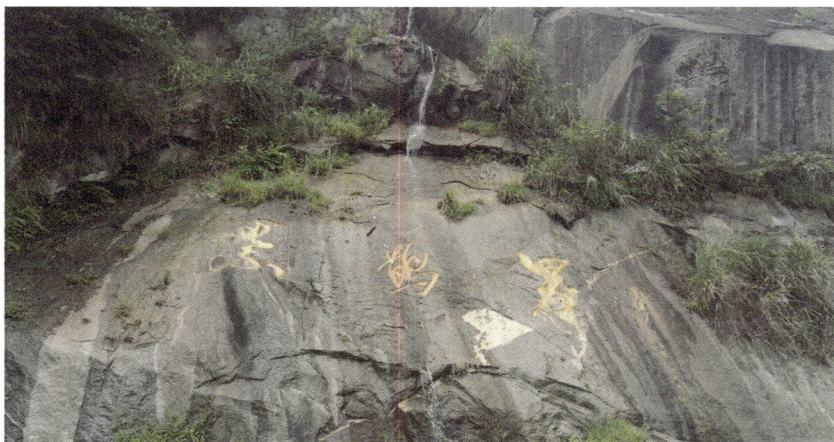

紫鹊界（张永松/摄）

说和翻阅诸多的文献后，取"紫鹊高飞""紫气东来"之意，将"止客界"等名字，谐其音更名为紫鹊界。

2. 紫鹊界的历史变迁

（1）紫鹊界的历史沿革

历史上，紫鹊界属古上梅山地。据《宋史·梅山峒蛮》记载："梅山峒蛮，旧不与中国通。其地东接潭（今长沙），南接邵（今邵阳），其西则辰（今沅陵），其北则鼎、澧（今常德），而梅山居其中。"

新化是古梅山的核心区域，历为"梅山峒蛮"聚居地。周时为荆州之域，春秋属战国楚地，秦属长沙郡，汉属益阳县旧梅山地，后汉时地属昭陵。吴以零陵北部为昭陵郡，分昭陵置高平。晋武帝太康元年（280年）改高平为南高平，后复回高平，隶属邵陵。宋、齐、梁俱因之，寻废。梁末陈初，以邵阳为郡治，省高平，入邵阳。隋隶潭州，唐入邵州，五代时为西南少数民族所统治。宋初地属邵阳，宋熙宁五年（1072年）开梅山，置新化县，隶属邵州。南宋宝庆元年（1225年）属宝庆府，元属宝庆路，明、清均属宝庆府。辛亥革命后，民国三至十年（1914—1921年）属湘江道，民国十一至二十六年（1922—1937年）直属湖南省，民国二十七至三十八年（1938—1949年）属第六行政督察区。1949年10月21日成立新化县人民政府，属邵阳专区。1977年属涟源地区，1982年涟源地区更名为娄底地区，1999年7月娄底地区改娄底市，新化县人民政府驻上梅镇。2005年1月，新化县人民政府搬迁至梅苑经济开发区。

位于紫鹊界核心区域的水车镇，明时属永宁七都，清时属永靖团，民国归锡田乡。1949年10月新中国成立时属新化县第五区；1950年为新化县第十一区；1952年划归隆回县，为隆回县第六区；1953年重归新化县，为新化县第十九区；1956年撤区并乡为水车办事处，辖水车、锡溪、文田、奉家等4乡；1958年为水车、奉家人民公社；1961年调整为水车区；1995年由水车区的水车、大同、锡溪3个乡合并为新的水车镇。

（2）紫鹊界的战争历史

开梅山之前，紫鹊界是苗、瑶、侗等少数民族杂居之地，开梅山后才逐渐有汉族人进入。这些苗、瑶、侗等少数民族的先民们为了反抗封建统治压迫，不缴税赋，不赋劳役，古称莫徭。历史上，为了反抗沉重的赋税、抵御连年的灾荒以及争夺生存资源，紫鹊界地区发生了无数次大规模的战争，死伤无数。

后唐天成四年（929年），楚王马殷遣江华指挥使王仝率精兵3 000人攻打梅山。梅山首领扶汉阳将王仝诱至与沩山毗邻的"九关十八锁"，困而杀之，王仝全军覆没。

北宋开宝八年（975年），宋将石曦攻入梅山，捣毁板、仓诸峒，俘馘（割左耳）峒民数千人。宋太宗太平兴国二年（977年）秋，朝廷遣翟守素攻打潭州一带的梅山原住民，此役俘虏梅山原住民2万人，斩杀1万2千。宋仁宗熙宁五年（1072年），朝廷派章惇收复梅山。南宋绍熙四年（1193年），时任邵州招讨使的奉朝瑞，驻军江东（今属溆浦县）、锡溪（今属水车镇）、坪下（今属奉家镇），从冬11月至翌年夏，大小60余战，降服36峒。

元明鼎革时，紫鹊界的罗姓、杨姓，积极参与了元与南明之间的战争，两位万户一个保元，一个为明，各为其主战于巴油，都称对方为"寇"。杨天绥攻罗友朋于巴油浆塘，被暗箭射杀。后杨天绥长兄杨天继结集兄弟乡党立洋溪南山寨，引诱罗友朋之子罗志夫深入南山，将之围歼，报了弟仇。

紫鹊界（袁小锋/摄）

明朝时，"朱洪武血洗湖南，扯来江西填湖广"。千村血洗，万灶烟寒，遍地焦土，百姓逃亡，十室九空。紫鹊界爆发了历史上时间最长的农民起义，于正德十四年（1519年）至万历十一年（1583年），战争持续65年之久。

明清鼎革时，新化依然战事不止，紫鹊界山民受害匪浅。王进才、袁宗第、刘体纯等在新化辗转两年时间，使新化人深受其害。之后，又有牛万才的暴行。

清朝中叶，大的战乱平息，但是仍有征剿苗、瑶"负固不服"者，防苗、剿苗、降苗、抚苗，仍然是当时清朝统治者的重要任务之一。

（二）
探寻秦人梯田的足迹

从大的历史背景看，紫鹊界北有9 000年前的澧县彭头山稻作遗址，东有5 000年前的神农炎帝陵，南有15 000年前的道县玉蟾岩出土人工栽培稻，西有存世7 000年的神农像的黔阳高庙遗址。紫鹊界正处于这四大古稻作文化遗址的几何中心，这种得天独厚的人文历史和自然地理环境及丰富的水资源，为紫鹊界梯田的开发创造了各种必备条件。

1. 秦汉时期——紫鹊界梯田初垦

紫鹊界梯田历史悠久，由于先民没有文字，对其历史的考证主要依据有关文献及地方姓氏族谱、家谱的记载。1998年，新化县文田镇龙溪村11组出土了3把磨制石矛，经专家初步鉴定为新石器时代晚期兵器，证明早在4 000多年前紫鹊界这个地方就有人类居住。人们还在当地的几处古遗址中采集到磨制的石锛，大量的夹砂褐陶、红陶、黑陶与泥持灰陶片和碗、豆、罐、钵等，也证实在新石器时期这里已有先民频繁活动。战国期的古墓群中还出土了随葬的铜斧、越式青铜剑和军乐器等等。新化道光志载贡生陈长炳有文云"秦时冯君者避秦乱潜身于兹，负岩为居，撷草木果蔬为衣食，后不知所终，有心者构天云庵以祀之"，也说明了秦时紫鹊界一带已有人烟。长期以来，专家学者对紫鹊界梯田的历史进行了大量的研究，据弘征的《紫鹊界梯田初垦于秦汉之前考》和熊传薪的《紫鹊界梯田初垦于秦汉考证》所述，紫鹊界梯田初垦于秦汉。

青铜剑（新化文广局/提供）

石矛
（新化文广局/提供）

锌于（一种军乐器）
（新化文广局/提供）

铜斧
（新化文广局/提供）

2. 唐宋时期——紫鹊界梯田成型

唐宋时期，朝廷积极鼓励种植"高田"。"所谓山田、高田，因依山'层起为阶级'，俗称'梯田'；在宋朝时期，这种梯田在湖南已经很普遍"。据《新化地名录》记载，水车镇楼下村为罗姓族人聚居而成，其始迁祖罗彦一是北宋太平兴国年间（976—983年）迁徙来的，之所以取名叫楼下，是因村后陡坡的田土如楼梯而得名。可见，北宋初年紫鹊界一带的梯田已经初具规模。宋熙宁年间，朝廷委派章惇"招纳梅山"，以上梅山置新化县，梅山峒民自此归服。1072年，章惇在《开梅山》诗中写道"人家迤逦见板屋，火耕硗确多畬田"，正是对当时苗、瑶等民族开发新化梯田的真实写照。新化王化以后，随着"给牛贷种使开垦，植桑种稻输缗钱"政策的推动和大量汉民的迁入，山区耕地面积大幅飙升，山地渔猎文化与稻作文化得到空前发展。

《梅山歌》

宋·章惇

开梅山，开梅山，梅山万仞摩星躔。

扪萝鸟道十步九曲折，时有僵木横崖巅。

肩摩直下视南岳，回首蜀道犹平川。

人家迤逦见板屋，火耕硗确多畲田。

穿堂之鼓堂壁悬，两头击鼓歌声传。

长藤酌酒跪而饮，何物爽口盐为先。

白巾裹髻衣错结。野花山果青垂肩。

如今丁口渐繁息，世界虽异如桃源。

熙宁天子圣虑远，命将传檄令开边。

给牛贷种使开垦，植桑种稻输缗钱。

不持寸刃得地一千里，王道荡荡尧为天。

大开庠序明礼教，抚柔新俗威无专。

小臣作诗备雅乐，梅山之崖诗可镌。

此诗可勒不可泯，颂声千古长潺潺。

——《宋诗纪事》

3. 明清时期——紫鹊界梯田发展

元末战乱，田地荒芜，明初积极招徕流亡，奖励垦荒，并规定："正官召诱户口有增，开田有成者，从巡历御史申举，若田不加辟，民不加多，则覆其罪。凡新垦田地，不论多寡，俱不起科。"在这种政策鼓

紫鹊界屋脊仅存的明初茶亭遗迹——牛牯天茶亭（新化风景名胜管理处/提供）

励下，新化田亩大增，梯田规模逐步发展。随着明清时期紫鹊界梯田的开发，许多直接为生产服务的公益设施相继建设起来。单以锡溪河一带的茶亭为例，就有淡如亭、吉清亭、泽润亭等十多座，都是明清时期先后修建的。而这些方便山民耕作的茶亭，都由地方民众捐资并在茶亭附近购有固定田亩以保证茶亭给养，足见当时紫鹊界农耕稻作文化的繁荣兴旺。

（三）
思索紫鹊界梯田的意义

紫鹊界梯田是我国古代多民族劳动人民千百年以来共同创造的农业文化遗产，蕴含了深刻的人地协同进化的先进理念、丰富多样的文化形态和维系梯田景观及其系统发展的社会功能，具有重要的历史意义与现实意义。

1. 历史意义

（1）促进了梯田水稻种植与山地渔猎的有机结合

紫鹊界拥有中国南方独具特色的传统农业生产方式，即梯田水稻种植与山地渔猎相结合的生产方式。这两种生产方式提供了紫鹊界最主要的产品和生活物资，也成为千百年来紫鹊界最具特色的经济活动。紫鹊界悠久的垦殖历史雄辩地证明梯田稻作文化与山地渔猎文化是紫鹊界梯田在社会经济发展过程中得以持续和维系的主要原因。紫鹊界梯田也是当地渔猎文明向农业文明发展过程中的产物，当地先民们通过对有限的高山土地的开发，解决了人口增长与粮食短缺的矛盾，开创了山区稻作农业的先例，保障了文明的发展和民族的交融，传承至今。

历史上，我国的很多诗人曾通过他们丰富的作品，生动而形象地记载了紫鹊界特有的生产方式。例如章惇的"人家迤逦见板屋，火耕硗确多畲田""白巾裹髻衣错结，野花山果青垂肩"；吴致尧的"衣制斑斓，言语侏离；刀耕火种，摘山射猎"；吴居厚的"试问昔日畲粟麦，何如今日种桑麻？"等。从地形地貌特征来看，梅山峒区属于"七山一水二分田"。散居于"七山"之上的峒丁、猎户们和"二分田"里的黎民过着渔猎和农耕并存的生活。农业生产上存在两种不同的类型，一种是认水田种植水稻，另一种是以畲田种植旱粮作物。至今，紫鹊界一带居民仍保留有山地渔猎文化的历史痕迹，如民间信仰善于狩猎与捕鱼、会开山辟田的祖师张五郎。

（2）促进了苗瑶侗汉多民族文化的相互融合

紫鹊界梯田的形成与发展过程实际就是苗、瑶、侗、汉等民族相互融合、共同发展的过程。各民族之间通过生产技术、生活方式、文化信仰等层面的交流与融合，达到了在梯田耕作文化上的深层次交流，从而保证了梯田开垦与耕作的持续发展。反过来，多民族的文化交融又给紫鹊界梯田的生产系统带来了发展演化的动力。

根据考证，紫鹊界一带的族群是九黎和三苗的后裔。相传蚩尤后裔、三苗首领善卷，为避舜之锋芒而隐居于武陵（今溆浦县），死后葬插合岭（古梅山腹地，资江河畔，他们是后来被称为长沙蛮、武陵蛮的一部分）。紫鹊界先民还是苗瑶始祖盘瓠的后裔，这在梅山师公的科仪本经《元皇金銮九州会兵科》中有记载。历史上，人们把居住在梅山的瑶、苗、畲、土家诸族，统称为"莫徭"。龙普村的瑶人寨至今仍保留着三处瑶人住过的"岩屋"。紫鹊界的先民还是古代的越族。湖南自古为百越所居之地，梅山文化也有着浓郁的越文化色彩。隋唐之交，梅山又迁来了一支以扶姓为主的白虎夷人，是土家族的先祖。

现在，紫鹊界居民以汉族为主。历史上，苗族和瑶族中的一部分在战争中死亡，一部分迁徙他乡，还有一部分与汉人融合。特别是宋朝以后，政府采用了"凡入籍者，给牛贷种以开垦"的政策，给入户者以水田和旱土，成绩显著者给出仕的机会，许多梅山蛮逐步入籍被同化。

紫鹊界梯田滋养了多个民族在此繁衍生息。尤其是宋朝以来，朝廷开辟梅山，战事连年不断，而紫鹊界梯田却有"天下大乱，此地无忧，天下大旱，此地有收"的景象。这形象地描述了紫鹊界梯田对当时社会经济发展的重要作用。到了清代，紫鹊界的稻米远销山外，黄鸡岭的贡粮更是闻名遐迩，紫鹊界成了新化的鱼米之乡、产粮基地。

（3）创造了人地和谐可持续发展的历史典范

紫鹊界梯田的传统历史文化具有一个鲜明的特色，即从生产方式、民居建造、村落选址、文化信仰，乃至人们的日常生活行为，都强调与自然保持高度的一致。这体现了我国古代文化强调"顺应自然、趋时避害、人地协调、变废为宝"的传统环境观，蕴含着深厚的生态伦理意义和丰富的农业智慧，是确保紫鹊界梯田人地和谐的文化动因。

紫鹊界先民在长期的垦殖活动中要面对陡峭的自然地形条件。值得指出的是，不同于世界上其他地区的梯田，紫鹊界多数梯田的开垦坡度超过公认的25°这一临界值。这种特殊的自然条件迫使人们必须更加注重其生产与生活行为可能引发的不良后果，更加注重保护生态环境。此外，在历史上，中央政权与苗、瑶等少数民族之间曾长期爆发大规模军事冲突，这使得紫鹊界梯田不得不为大量的军队提供所需的物资。凡此种种，都使得紫鹊界的先民必须通过改进耕作方法、改良蓄水保肥的措施、强化水稻种植的生态效益等多种方式来保障梯田生产系统的持续供养能力。例如：沤肥—修田塍—育秧—栽秧—护水—收割的生产模式、结合自然条件的生态防虫技术等。

综上所述，我们不难发现紫鹊界的传统梯田文化至今仍然向全世界人民展示着她那独特的生态文明魅力，也是当今世界各国发展生态农业的鲜活榜样。

2. 现实意义

（1）维持农业可持续发展的重要保证

紫鹊界梯田的演变与发展是新化居民尊重自然、顺应自然、保护自然和合理利用自然的典范，既与国家所倡导的"生态农业""循环农业""低碳农业"等相适应，也符合党的十八大提出的建设生态文明、建设美丽中国的宏伟目标。对紫鹊界梯田的保护，可以促进当地的农业生物多样性保护、生计安全保障、传统农业价值挖掘、现代生态农业发展，不仅能够产生显著的生态效益和社会效益，而且也能够产生显著的经济效益，对于农村生态文明建设、农村生态环境改善、农村经济社会可持续发展和美丽乡村建设等，均具有十分重要的现实意义。

（2）保持区域生态平衡的重要基础

紫鹊界梯田生态系统具有生计安全维持、生物多样性保护、水源涵养、水土保持、气候调节、农田生态环境改善等生态服务功能，生态系统稳定性较高。紫鹊界农民由于长期坚持传统耕作技术，对农药化肥的依赖程度低，保证了食物安全，维持了生物物种的多样性。另一方面，紫鹊界农民运用传统农耕知识与技术，封山育林，提高森林植被覆盖率，林间套种毛竹、猕猴桃等经济作物，以及旱地传统轮作的方法，改善农业生态系统功能，为区域生态平衡发挥了重要作用。

（3）发挥农业多功能性的典型样板

紫鹊界农民利用传统农耕知识与技术以及优良的生态环境，进行优质农产品生产，开展农产品深加工和品牌建设，增加农产品附加值，他们创立了"紫贡黑米"品牌，建立了紫鹊界"黑米"、紫鹊界"红米"、紫鹊界田鱼等标准化示范基地建设项目，成为国家生态有机稻种植示范基地。紫鹊界梯田独特的景观系统、丰富的旅游资源和特色的地域文化为发展休闲农业提供了有利条件。目前，紫鹊界梯田区已成为发挥农业多功能性的典型样板，并有利于推动当地梯田农业文化旅游的发展，实现紫鹊界梯田农业文化遗产的动态保护和区域可持续发展。

（4）改善当地居民生计的重要途径

随着紫鹊界梯田旅游观光农业的开展，当地农民就地从事农产品加工，搭棚子、摆摊子，就地出售自己生产的农产品，如黑香米、红米、柴火腊肉、穄子、田鱼、板鸭等，增加了收入。随着紫鹊界梯田旅游业的发展，一部分外出务工的青壮年劳动力开始返乡创业，如龙普村已有18人返乡，学习水稻种植、稻田养鱼、稻田养鸭等传统耕作技术，使传统农耕知识和技术得到传承。

二

细数紫鹊界梯田的生计贡献

湖南新化紫鹊界梯田

（一）
满足当地居民的物质需求

紫鹊界梯田属南方中低山丘陵稻作梯田区，立体的梯田农业生态系统不仅满足了当地居民富足的口粮和果蔬等基本食物，还提供了多样化的畜禽产品、水产品和林业产品。

1. 富足的食物资源

紫鹊界梯田是当地居民食物与生计安全的土地保障。该地区是典型的一季中稻区，气候湿润，温度适宜，水稻种植一直是该地区的农业发展重点。除了水稻之外，紫鹊界梯田还生产小麦、玉米、豆类、薯类等作物。当地居民就地取材，主食主要以米饭为主，以水稻、玉米和薯类为代表的多种多样的农作物的种植保障了当地居民世世代代赖以生存的物质基础。

紫鹊界梯田传统水稻（闵庆文/摄）

紫鹊界梯田农作物播种面积与产量（2014年）

	遗产地总范围		遗产地核心区	
	面积（亩*）	产量（吨）	面积（亩）	产量（吨）
水稻	821 764	386 868	55 492	26 964
小麦	13 610	2724	928	185
玉米	255 601	85 317	16 850	6 425
其他谷物	1 119	1 821	531	450
豆类	38 496	5 409	2 939	423
薯类	88 854	29 161	13 648	4 429
油料	117 975	11 626	9 695	736
药材	82 225	42 166	11 151	8 328
蔬菜	126 436	188 342	9 283	10 921
瓜类	21 106	72 711	428	1 226
其他农作物	152 529		15 875	

2. 多样的畜禽养殖

　　紫鹊界农民除了种植各种粮食作物之外，家家户户都饲养不同数量的家禽家畜，提供的肉类、蛋类和其他相关产品，丰富了当地居民的食物种类和营养。

农户养鸡养鸭
（白艳莹/摄）

---

* 亩为非法定计量单位，1亩约等于666.67平方米——编者注

紫鹊界家禽家畜养殖情况（2014年）

	遗产地总范围		遗产地核心区	
	存栏量	当年出售和自宰	存栏量	当年出售和自宰
猪（万头）	944 988	1575 337	64 373	97 402
牛（万头）	206 548	83 588	13 876	7 818
羊（万只）	92 940	94 733	7 584	8 664
家禽（万羽）	360	574	28	53
肉类总产量（吨）		112 252		7 315
禽蛋产量（吨）		3 245		181

3. 特色的水产品

　　紫鹊界农民在稻田、池塘和河流中人工养殖或者捕猎的鱼类、虾类等水生生物也是当地农民重要的食物来源之一，遗产地内的年水产品总产量约为25 000吨，核心区达1 200吨左右。

稻田中养殖的小鲫鱼
（新化风景名胜管理处/提供）

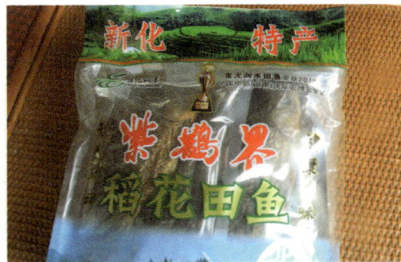

紫鹊界的特色水产品（陈代永/摄）

4. 丰富的林业产品

　　紫鹊界森林资源丰富，林地面积约20万公顷，有林地17万公顷，活立木蓄积700万立方米，用材林总蓄积量355万立方米，其中杉木蓄积101万立方米，马尾松蓄积45万立方米。经济林以金银花、油茶、板栗、杜仲、茶为主，总面积3 443公顷。南竹为当地重要森林资源，总种植面积达3万公顷，蓄积6 234万株。这些重要的森林资源为当地居民提供了大量的木材、药材、森林食品等。

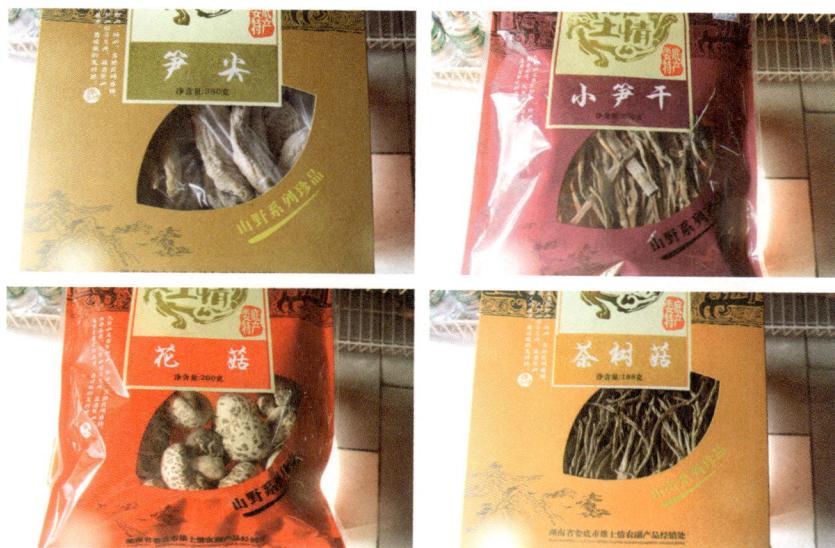

紫鹊界林产品（陈代永/摄）

（二）
生产优质的特色水稻

　　紫鹊界梯田独具特色的传统水稻是当地发展的基础。这些传统特色水稻种植历史悠久、品质优良、营养丰富、功效独特，除了部分食用之外，大部分被制作成各种酒类或者加工成其他商品进行销售，一方面满足了当地居民的粮食需求，另一方面也提高了当地农民的收入。其中，黑香贡米和红香米是紫鹊界的两大特色优质稻。

　　紫鹊界梯田是典型的一季中稻区，气候独特，年平均气温15℃，降水量1640毫米，无霜期235天左右，无水源污染、空气污染、工业及生活污染，是无公害农业生产的基地，特色优质稻种植区域分布在海拔400～1 200米地区，面积达2万余亩。

紫鹊界梯田出产的特色稻米（闵庆文/摄）

1. 黑香贡米的健康传奇

黑香贡米，亦称紫鹊界贡米、紫香米、紫鹊界紫香米、紫香紫鹊界贡米等，并有"药米""长寿米""黑珍珠"之美誉。黑香贡米是我国古老的名贵水稻类型，据古农书《齐民要术》记载，我国北魏时期（公元386–534年）即有种植，至今已有1500年以上栽培历史。据《本草纲目》记载，紫米具有"续筋接骨、疏肝明目"之功效。西汉"丝绸之路"的开拓者张骞发现了这种奇米，把它献给汉武帝，汉武帝食后赞曰"神米"，从此其被历朝历代列为贡品，故黑香贡米的营养价值和药用价值的盛名由来已久。目前，黑香贡米已经获得了有机产品认证证书和农业部颁发的农产品地理标志证书，进一步促进了当地的农业发展，提高了农民收入。

黑香贡米的特点是矮秆、耐寒、产量较低，亩产只有250～300千克，

紫鹊界贡米地理标志产品证书（湖南紫䅟公司/提供）

米粒圆润、黑褐光亮、清香四溢，米饭柔软可口、含有丰富的硒元素，具有良好的滋阴补肾功能。湖南省农业科学院稻米及制品检测中心的分析表明：黑香贡米富含蛋白质、氨基酸、淀粉、粗纤维及铁、钙、锌、硒等微量元素。

紫鹊界贡米主要微量元素成分对比

主要营养成分	普通精白米	紫鹊界贡米精白米	（紫鹊界贡米−精白米）/普通精白米
硒	0.015毫克/千克	0.041毫克/千克	173%
铁	4.8毫克/千克	16.72毫克/千克	248.3%
钙	64毫克/千克	138.55毫克/千克	116.5%
锌	13毫克/千克	23.63毫克/千克	81.8%
蛋白质	—		15.6%
淀粉	—	80.1%	
粗纤维	—	1.34%	
氨基酸（总）	—	—	71.4%
其中：赖氨酸	—	—	96%
蛋氨酸	—	—	240.7%
苯丙氨酸	—	—	48.4%
苏氨酸	—	—	113.5%
异亮氨酸	—	—	48.9%
缬氨酸	—	—	29.9%
亮氨酸	—	—	63.4%
组氨酸	—	—	100%

黑香贡米最珍贵之处在于它是一种碱性米，世界只有中国有，中国只有湖南有，湖南只有紫鹊界有，是一种具有诸多营养和保健功效的珍贵稻米，也是湖南唯一一款获得中国农产品地理标志保护的产品。据湖南省水稻研究所检测：每百克黑香贡米水溶性灰分碱度为+0.082耗酸毫克当量数*，而每百克普通大米则是−6.37耗碱毫克当量数，故黑香米贡为弱碱性食品。人体自身存在着三大平衡系统，即体温平衡、营养平衡、酸碱平衡。其中酸碱平衡是指人体体液维持在pH7.35～7.45，即健康的人体

---

* 一种检测食物酸碱性的方法。耗酸量越大，被检食物碱性越强；反之，酸性越强。——编者注

内环境应呈弱碱性，而普通大米呈弱酸性，人们在日常生活中摄入的酸性食物较多，就会使体液酸化，形成酸性体质。

世界卫生组织曾经公布的一组数据显示：酸性体质容易引发各种疾病，黑香贡米的碱性品质能帮助人们在日常生活中控制体内的酸碱度，改善现代人的酸性体质，增强人体的抗癌抗病能力。

2. 红香米的营养神话

紫鹊界的红香米种植历史悠久，原生态方式种植的高秆红香稻有晚年红、麻谷红两个品种，其特点是高秆、耐寒、抗病性好，但不抗倒伏、产量低，亩产只有200～250千克，种植区域为海拔800米以上高寒中山区。红香米米粒椭圆、晶莹剔透、香软可口、胶稠度高，因含丰富的铁元素而有神奇的补血功能。近年来从全国各地引进的卫红晶晶米、湘晚籼12号、红超30、资丰1号等矮秆品种特点是米粒细长、表皮红亮、晶莹剔透、米饭香甜可口、产量较高，亩产350～450千克。

红香米的糙米为赤红色，精米呈淡红色。蒸煮时具有浓郁的桂林荔浦芋香味，口感柔软，能增进食欲。经国家权威部门化验，该米富含维生素E、维生素C、胡萝卜素、黄酮素、强心苷、亚麻酸、亚油酸、膳食纤维等成分。具有清热润肺、宁心爽神、滋补肾肝的功效。长期食用，对心脑血管病、糖尿病、便秘等有明显改善作用。尤其是对习惯性便秘者，只要连续食用3～5天，症状便明显减轻或消失。另外，红香米还具有美容养颜及减肥功效。年老体弱者、手术病人、中老年人、孕产妇、幼儿长期食用，有利促进身体健康、延年益寿。

（三）
孕育当地的有机农业

紫鹊界梯田的传统农耕文化孕育了有机农产品的生产。随着对外旅游业的开展，紫鹊界农产品的市场需求量不断增加，从而促进了传统耕作知识与技术在全县的推广与应用。

1. 以基地化生产为基础

在2005年以前，特色优质稻种植属群众自发零星种植，面积在700～800亩左右。2006～2007年，随着旅游业的开发，政府积极引导和示范推广（2006–2007年在龙普村示范种植红米稻50亩），面积达1 500余亩。

2008年湖南紫秾特色股份有限公司（即紫鹊界贡米合作社）和湖南新智文生物科技股份有限公司分别投资开发紫鹊界黑香米和有机红米，种植面积呈跳跃式发展：2008年2500余亩，2009年4500余亩，2010年达8200亩，2011年达11000亩，2012年种植11520亩，并逐步实现规模化有机转换认证。其中，湖南紫秾公司于2009年取得了紫鹊界区域特色稻地理标识认证。2010年黑香米成功入驻世博会，中央电视台第七频道曾予以报道。2011年水车镇的金龙、石丰、龙湘、锡溪、老庄、奉家、龙普、直乐等村种植有机稻650亩、绿色稻3 200余亩，并在周边乡镇如奉家的红田、向北、坪上等村种植绿色稻3 000余亩。2012年种植黑香米有机稻800亩，绿色稻4 500亩。

新智文生物科技股份有限公司2008年有红米500亩通过中国质量认证中心有机稻转换期认证。2009年种植红米864亩，并通过认证。2010年种植红米1 350亩、白米153亩；有机红米1 670亩，并获中绿华夏认证中心500亩有机稻认证和1000亩有机转换期认证，注册商标"秦田香"；2010年秦田香有机米参加中国中部农博会，并获得金奖；2011年经国务院标准化委员会审定考核批准，公司基地被列为第七批国家特色稻标准化示范区。2012年5月公司产品参加由农业部在上海举行的有机食品博览会，获得金奖；2012年在水车镇白水、龙普、石丰等村种植有机稻3 077亩，绿色稻4 070亩。

目前，紫鹊界取得了部分农产品的国家无公害农产品、绿色食品、有机农产品及地理标志产品认证，创立了"紫米贡"品牌，并采用"公司+合作社+基地+农户"的经营模式，按照国家土地流转产业政策，实施紫鹊界黑米、红米标准化示范基地建设项目，成为国家级有机稻种植示范基地。

2. 以龙头企业为引领

紫鹊界贡米有机种植基地
（白艳莹/摄）

紫鹊界贡米有机产品认证证书
（湖南紫秾公司/提供）

当地政府积极推动有机农业的产业化发展，先后促成以湖南紫秾特色农林科技开发有限公司、新智文生物科技股份有限公司、湖南隆平高科种粮专业合作联社紫鹊界分社和湖南紫鹊庄园生态农产品开发有限责任公司等为龙头的全县26家、紫鹊界8家农业企业。这些企业在促进紫鹊界梯田有机农业产业的规模化发展、规范化管理、标准化生产和市场化运作等方面发挥了重要的龙头作用，并取得了良好的市场效益。

以湖南紫秾特色农林投资开发有限公司为例。该公司是娄底市一家主营有机生态农产品的农业产业化龙头企业，在紫鹊界拥有5万亩有机米种植基地。基地拥有优越的生态环境和良好的水土条件，完全符合国家绿色食品和有机食品原料生产基地标准。为了保证基地所产原料的产品质量和安全性，紫秾公司采取了一系列措施：首先是建立组织监督管理体系。公司在水车、文田、奉家3个镇组建了3个质量管理小组，负责基地的绿色食品工作；公司质量管理小组与县农业技术推广中心负责定期对基地的大气环境质量、水质和土壤进行监测，并为生产农户建立种植制度，监督农药、肥料的使用，指导农户做详细记录，公司凭记录卡收购农户的产品。公司采用"公司+合作社+基地+农户"的管理模式，实行统一采收、包装、贮藏、运输，只允许使用来自于基地的竹筐，以防止二次污染。其次是建立基地的监督管理制度。基地由专业人员和队伍负责基地生产档案记录的管理，建立相互制约的监督机制和奖惩制度，并制定了详细的有机水稻栽培技术标准。2010年公司的18万亩特色稻顺利通过了"中国农产品地理标志保护产品"认证，2010年、2013年先后荣获"中国中部国际农博会金奖""最受欢迎的十大农经品牌"。2013年取得农业部中绿华夏有机食品认证。公司目前主要是生产、加工、销售紫鹊界紫米产品，注册商标"紫香""紫鹊贡""紫鹊梯田"，产品主要销往本省及北京、上海、深圳、广州等城市，市场前景看好。

紫秾公司（湖南紫秾公司/提供）

3. 以政府职能体系为保障

有机农业产业的全面协调、持续快速健康成长，需要政府引导、监管和服务等管理职能体系的充分保障。根据有机农产品的生产规模和生态安全标准，有机农业必须实行"从土地到餐桌"的全程质量管理和控制，因此除了政府制定有效的扶持政策和营造良好的市场环境，以推动广大农民与有机农业龙头企业合作，走上产业化经营的道路之外，在有机农业的发展过程中，还需要政府各有关部门协调和组织各方面的力量，加强各种引导和服务，并逐步完善和健全有机农产品标准体系和质量安全体系，防止市场上"劣币逐良币"或"搭便车"的现象，保护有机农产品经营者的正当权益，同时严格农产品认证管理制度，提高地方有机农产品整体质量水平，培育良好的市场信誉。紫鹊界梯田区的有机农业基地化发展，在政府推动和龙头企业引导下，不断推广实施"企业+公司+合作社+农户"经营模式，新化全县共有各种农民专业合作组织353家，其中省级试点4家，入社农户25 330户，注册资金6.4亿元，固定资产总额7亿元，带动农户5万余户。紫鹊界梯田景区实现了一村一个种田合作社，农户入社率达到85%以上，农机合作社参与农户达2 200户，实现规模经营耕地14 000亩左右，田间农业综合机械化程度和农机标准化作业水平分别达到90%和80%以上。同时，政府加强监督管理工作，由县绿色食品管理办公室和县农业技术推广中心对基地采取动态管理的办法，不定期组织监督检查，复查不合格即取消基地称号，并进行公告；县农业技术推广中心负责与公司质量管理小组定期对基地的大气环境质量、水质和土壤进行监测，并对基地的生产过程、投入品使用、产品质量、市场及生产档案记录进行监督检查。基地的原料产品包装上不可使用绿色食品标志，参与基地建设并经中心备案的龙头企业，其收购、销售的原料产品包装上才可以标注"全国绿色食品水稻标准化生产基地"的字样，其他任何单位和个人均不可在原料产品包装上标注上述字样，但鼓励龙头企业将基地原料产品申请绿色食品认证。另外，政府还加强了对水稻农业投入品销售和使用的管理，开展大规模集中执法行动，加大对禁用农药的监管力度，严厉查处违法销售、使用禁用农药的不法行为，坚决打击制售和使用假冒伪劣农业投入品的行为，形成高压整治态势；充分利用法律法规赋予的职能，完善农业投入品监管制度，规范农资市场秩序；创办绿色食品生产农药专柜，推行连锁经营等现代流通方式，大力推广使用安全高效的农业投入品；普及安全使用知识。水车镇还组织农业、科技、工商、质监等部门进村，向合作社农民传授水稻特别是有机稻高产栽培、测土配方施肥等技术，指导农民科学用药、合理施肥。政府还强化了检验检测，通过完善检验检测手段，提升检验检测能力和科技水平，加强对水稻的农药残留检测和检验检疫，规定抽查合格率要达到92%以上，严格控制超标的水稻产品进入市场；健全农产品质量例行监测制度，开展对水稻产品农药残留等检测信息的发布。

三

领略紫鹊界梯田
的生态服务

湖南新化紫鹊界梯田

（一）
绵延千年的精美画卷

1. 自然镌刻的立体景观

　　"天地有大美而不言……"（《庄子》）。大自然的美才是真正的美。紫鹊界梯田是典型的中低山丘陵地貌区，地势由西北向东南方向倾斜。西部、北部雪峰山主峰耸峙，东南部为低山丘陵，中部是资水及其支流河谷。区内最高海拔为1 584米，最低海拔为353米，相对高差达1 000多米。紫鹊界梯田共500余级，最高海拔达1 200米，最低海拔为450米，大部分分布在500～1000米。坡度为25º～40º，最高处达50º以上。紫鹊界梯田与新化的地势地貌、生态环境、民族建筑相结合，具有传统风情的干栏式民居与风水林木一道错落有致地点缀在层层叠叠的梯田之间，构成了融梯田景观、气象景观、传统民居建筑、森林生态景观于一体的综合景观，其天地造化的自然之美令人心驰神往。

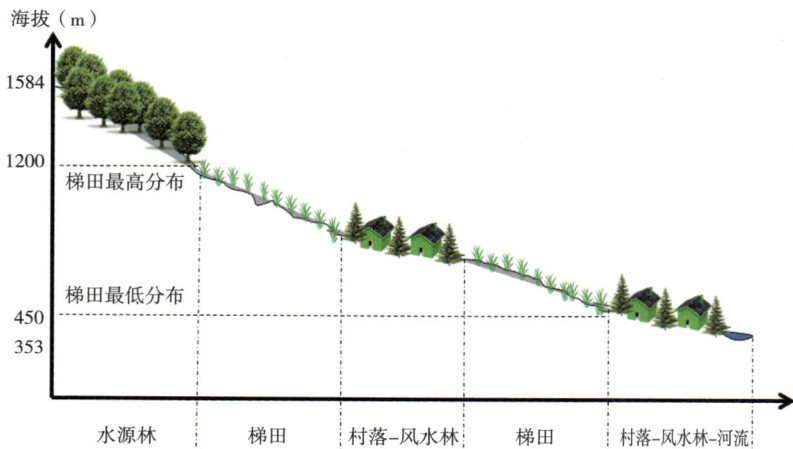

紫鹊界梯田立体景观示意图（田亚平/提供）

　　新化县的梯田面积约20万亩，核心保护区约有梯田8万亩，其中集中连片的梯田2万亩以上，最大的田块不足1亩，最小的田块只能插几十株禾苗。具有代表性的主要有龙普、石丰、长石、白水、金龙等5大梯田片区。不同地域呈现出不同的景观特色，如长石区的丫髻寨梯田绵延于山坡，规模宏大；石丰区的八卦冲梯田逶迤于山坳，气象万千；金龙

丫髻寨梯田（方建宏/摄）

八卦冲梯田（袁小锋/摄）

老庄梯田（袁小锋/摄）

区的老庄梯田，缓依在村旁山丘，结构简洁的民居板房与线条生动的梯田形态互相映衬，形成自然与人文融和的独特景观。

2. 特色鲜明的四季景色

气候变更与天气变幻，加上农时动态，使紫鹊界梯田景观的季节特色鲜明：春季水满如镜，夏季青禾翠绿，秋季收获金黄，冬季银蛇素裹。

紫鹊界梯田景观（春季）（袁小锋/摄）

紫鹊界梯田景观（夏季）（袁小锋/摄）

紫鹊界梯田景观（秋季）（袁小锋/摄）

紫鹊界梯田景观（冬季）（袁小锋/摄）

3. 人工彩绘的梯田种植景观

　　紫鹊界梯田的土地利用以林地和耕地为主，核心区林地30 510公顷，占68.3%；耕地7 564公顷，占16.94%，而其中80.5%的耕地为水田，梯田又占水田的87.6%。梯田水稻种植是该地区主要的种植方式，当地的农民在稻田中放养鱼或者鸭子，用以提高经济效益，增加食物的多样性，同时也改善了农田生态环境。同时，农民还在旱地种植多种多样的粮食作物、蔬菜、瓜果、药材等，在提供不同产品的同时，不同种植物及其套配物种彼此镶嵌，加上四季变化，仿佛人工彩绘，更加丰富了当地的农田景观。

稻田养鱼（新化风景名胜管理处/提供）

稻田养鸭（新化风景名胜管理处/提供）

农田景观（新化风景名胜管理处/提供）

4. 自然天成的水土管理景观

　　紫鹊界梯田的自流灌溉系统，加上长期沿袭的精耕细作、蓄水保水和护林管水等传统方式与乡规民约，共同形成了高效的水土资源管理系统，实现了梯田的自流灌溉和水土保持。

自流灌溉系统（新化风景名胜管理处/提供）

此外，为了保护田块的蓄水功能，梯田在冬天也水满田畴，防止土层干裂，破坏蓄水保水条件，形成了一道独特的风景。

冬季蓄水（罗中山/摄）

5. 天人合一的村落文化景观

紫鹊界梯田村落的形成与梯田的形成及演变密切相关。分散的民居利于居民就近耕作并方便用水，体现了因地制宜、依山傍水的聚落思想；结构简洁的民居板房，与大气磅礴的梯田景观互相映衬；涂成白色的正方块窗格与田园山色相得益彰。

长石民居（罗中山/摄）

（二）
生物多样性的保育天堂

1. 农业生物多样性

水稻分为籼稻和粳稻、糯稻和非糯稻。历史上，紫鹊界内的栽培稻以非糯稻为主，居民也喜欢种糯稻。清道光二十五年（公元1845年）的《宝庆府志》第140卷第15页记载："数亩之中，尽以种秫（糯稻）……"

民国23年（1944年），执政者还有限种糯稻之举，胡瀚的《治新三年》第1页记载："减少糯稻栽培籼稻，全县37个乡镇，每个农户种糯面积不得超过其总面积的1%，规定糯米市价不得超过籼稻市价。"随着历史的发展，紫鹊界种植的传统品种逐渐减少，大部分被杂交稻所代替。目前，紫鹊界种植梯田栽培的传统水稻品种有白沙糯、云农糯、荆糯1号、麻谷红、黑香贡米、黑珍珠、红超30和卫红晶晶米等8种。杂交稻品种有150个左右，有T优705、陵两优942、株两优819、陆两优996、T优111、Ⅱ优航2号、扬两优6号、Y两优1号、Y两优7号、深两优5814、五优308、天优998、T优272、T优207、金优117、丰优9号、深优9586、丰源优299等。

紫鹊界梯田传统水稻品种及其用途

品种名称 （当地）	当地传统品种	引进传统品种	主要用途
白沙糯	√		酿酒、做糍粑
云农糯		√	酿酒、加工食品
荆糯1号		√	酿酒、加工食品
麻谷红	√		食用
黑香贡米	√		商品、食用
黑珍珠		√	商品、食用
红超30		√	商品、食用
卫红晶晶米		√	商品、食用

紫鹊界梯田除了拥有丰富多样的水稻品种以外，其他粮食作物有玉米、薯类、豆类等，传统的杂粮品种有穄子、粟米、苦荞，当地种植的黄豆（大豆）、黑豆、米豆、绿豆、蚕豆、马铃薯都是传统品种，这些都是重要的种质资源。其中，在1960年以前，本地种植传统品种红薯（甘薯）占栽培面积的90%，后来引进推广的其他品种种植面积逐渐

增加，达到一半以上。油料作物主要有油菜、油茶和花生。不同品种的白菜、萝卜、胡萝卜、芹菜、南瓜、辣椒等蔬菜作物和板栗、杨梅、葡萄、枇杷、柚子等瓜果类作物也都有种植。

紫鹊界梯田其他农作物种类

杂粮	穄子*、粟米*、苦荞*
豆类	黄豆*、黑豆*、米豆*、绿豆*、蚕豆*
薯类	马铃薯*、红薯（包括紫心薯、广东白、南瓜薯、黄心薯等品种）
油料作物	油菜、油茶、花生*
蔬菜	白菜、萝卜、胡萝卜、芹菜、南瓜、白瓜、苦瓜、辣椒、大蒜、藠头、韭菜、香菜、番茄、苋菜、甘蓝、莴笋、豆角、茄子
瓜果	板栗、杨梅、葡萄、枇杷、柚子、樱桃、西瓜、甜瓜、梨、桃、李

*传统品种

当地的家禽家畜品种也很多，鸡、鸭、猪、牛、羊等家畜广泛养殖，其中鸡有三黄鸡、芦花鸡、蛋鸡、乌鸡和矮脚鸡等品种，鸭有绍兴麻鸭、江南蛋鸭、北京鸭等品种，猪有长白、大约克、杜洛克、湘西黑猪、宁乡猪、杜长大等品种，牛有湘南黄牛、湘西黄牛、安格斯与本地牛杂交、利木赞与本地牛杂交及西门塔尔与本地牛杂交等品种，羊有黑山羊和波尔山羊等品种。

紫鹊界梯田家禽家畜品种情况

	品种名称
鸡	三黄鸡、芦花鸡、蛋鸡、乌鸡、矮脚鸡
鸭	绍兴麻鸭、江南蛋鸭、北京鸭
猪	长白、大约克、杜洛克、湘西黑猪、宁乡猪、杜长大
牛	湘南黄牛、湘西黄牛、安格斯与本地牛杂交、利木赞与本地牛杂交、西门塔尔与本牛地杂交
羊	黑山羊、波尔山羊

紫鹊界的稻田水生生物多样性也很丰富，有鱼类、甲壳动物、两栖动物、软体动物、昆虫等多种水生生物，其中鱼类多样性最高，有鲫鱼、草鱼、鲤鱼、鳊鱼、长春鳊等23种。

2. 相关生物多样性

紫鹊界梯田境内森林茂密，植被完好，生物多样性丰富。有高等植物99科258属933种。其中国家1、2、3级保护植物20种，1级有银杏、水杉、红豆杉等5种，2级有金钱松、香果树、连香树等11种，3级有银鹊树、青檀等4种。当地的中药材比较有名，包括金银花、杜仲、苡米、绞股蓝等。

紫鹊界森林覆盖率高达68%，孕育着许多珍贵的野生动物资源，仅国家与省级保护的1、2、3级动物（不包括昆虫）就有41种，其中1级有云豹和蟒蛇2种，2级有猕猴、穿山甲、水獭、大灵猫等13种，3级有狐、黄鼬等26种。

（三）
保一方水土养一方人

紫鹊界梯田区位于亚热带雪峰山暴雨中心区，暴雨时有发生，但梯田区基本无水土流失和山体滑坡，这要归功于紫鹊界的森林植被、土壤以及自流灌溉系统共同组成的当地特有的生态系统，特别是位于系统顶部的森林能够很好地起到涵养、调蓄水资源的功能。

1. 水源涵养

紫鹊界梯田区降雨分布不均，且夏末秋初常出现少雨现象。遇旱年，山下稻田歉收，而紫鹊界梯田中的水稻并不会受到干旱的影响。紫鹊界梯田无塘无库，其水源充足的主要原因可归结为森林、土壤和田块之间形成的巨大蓄水库。紫鹊界山顶森林茂盛，植被丰厚，纳雨纳水条件好；山体为花岗岩，其岩底坚实、少裂隙，恰似池塘不透水之底板；其地表为沙壤土，吸水性能好。土壤吸收雨水，又均匀渗出，形成优良的蓄水保水系统工程。

紫鹊界土壤（白艳莹/摄）

紫鹊界梯田的表层土壤为花岗岩风化而成的沙壤土，厚1~4米，这种沙土母质发育的土壤，土（沙）粒粗，其中粒径0.025~0.5毫米的颗粒占40%~50%。孔隙率为39%~57%，每立方米土壤的含水量为0.2~0.4立方米。整个紫鹊界梯田区域内，最大储水量为1 200万~1 500万立方米，每亩可获得灌溉水量200立方米，一般在无雨期每天蒸发和渗漏水量10毫米，土壤储水可灌溉至少20日。再加上山顶森林像一个巨大的蓄水池，源源不断地为系统提供水源，即使在干旱的年份，系统也能够提供有效的灌溉，成功应对气候变化的影响。

植被茂密的紫鹊界梯田（袁小锋/摄）

2. 水土保持

　　紫鹊界梯田的森林生长茂密、植物种类繁多，主要以杉树林、板栗林、竹林为主，杂生各种灌木和草本植物，草本植物以蕨类居多。按照截留雨水的不同，从高到低可以分为4层：一层为松、柏、枫等乔木，枝繁叶茂；二层为山茶、紫荆等灌木，密织如麻；三层为蕨草和落叶，铺厚如被；四层为树、草的根，盘根错节。降雨经如此四层植被，被充分拦截接纳。高大树木的林冠拦截雨水，削弱雨水对土壤的直接溅蚀力；同时活地被物层和凋落物层对降水和径流的调节，基本上消除了雨滴对表土的溅蚀和地表径流的侵蚀作用。由于植被根系具有固土作用，其分泌的有机物胶结土壤，使其坚固而耐受冲刷。小雨只沾叶湿干，无水滴直打地面；中雨经树枝和树叶接纳后成水滴下落，但无坡面漫流；暴雨经林草落叶接纳后，均匀浸入土壤，地面有缓慢表流，但无集中急流。因此，植被生态系统具有较好的土壤保持功能。据紫鹊界气象站1990年6月15日观测，日降雨116.5毫米，没有水土流失。

四

发掘传统农业的技术精华

湖南新化紫鹊界梯田

紫鹊界梯田以水田为主,旱地为辅,千百年来形成了独特的稻作梯田耕作方式,至今仍被广泛沿用,包括梯田复合生态种植模式、自流灌溉系统、传统梯田修建与维护技术、传统水稻种植技术、传统旱地稷子栽培技术、传统地力维持技术、传统病虫害生态防治技术和传统耕作实用工具等。

(一)
高效的复合生态种养模式

1. 稻田养鸭

稻田养鸭是紫鹊界农民复合种植常见的一种方式。紫鹊界农民一般选取水源充足、阳光充裕的垄田开展稻田养鸭,以便于鸭子栖息、取食。水稻主要选择株型紧凑、丰产性能好、抗性强的优质稻品种,鸭子主要选取体型中等偏小的优良鸭种,其鸭体大小能适应水稻种植密度,以满足鸭子自由穿行觅食的习性。5月中下旬,水稻移栽返青,进入分蘖盛期,农民将雏鸭放入稻田,自由散养。白天,小鸭于田间觅食各种幼虫和杂草,夜晚便自行回到鸭舍(当地房子一般为木质结构板房,底下一层作为家禽舍使用),再补食玉米和杂粮等饲料,以便长膘增重。至9月中下旬,水稻成熟收获后,成年的鸭子继续留在田间,觅食撒落谷子和捕食田间害虫。待重阳节时,成年鸭子即可出售或食用。10月到翌年4月,部分母鸭被留下来,饲养生蛋,或进行再繁殖。

稻田养鸭的周期模式

月份	1	2	3	4	5	6	7	8	9	10	11	12
水稻生长期	休田期				返青分蘖期				成熟收获期	休田期		
鸭子生长期	母鸭繁殖期				雏鸭放入田间		雏鸭成长期			成鸭		

　　紫鹊界的农民利用稻田养鸭复合生态种养技术，很大程度上提高了梯田种植的经济效益；提升了稻米品质，稻米中硫磷含量、重金属含量均减少。生态效益明显，鸭子在田间活动时，能捕食水稻害虫和一些菌核菌丝，清除水稻的病叶、老叶及稻田杂草，因此对水稻纹枯病、二化螟、稻纵卷叶螟、稻飞虱、稻蝗虫、粘虫等水稻病虫害和稻田杂草有很好的控制效果。另外，鸭子既可以虫子和嫩草为饲料而防治虫子危害，也能产生鸭粪作为肥料，同时鸭子在稻田活动又可将泥巴翻动，大大改善了稻田土壤的透气性，减轻了有毒物质的危害，加速肥料的分解、吸收，起到中耕除草的作用，可促进水稻根系发达、早生快发。

紫鹊界稻田养鸭（白艳莹/摄）

2. 稻田养鱼

　　稻田养鱼是紫鹊界梯田复合种植的另外一种重要方式。当地农民选择养鱼的地方主要是低海拔、水源充足、灌排方便、水质好、保水条件好、阳光充足的田块，其田埂被加高加固，以防田水渗漏、田埂坍塌和洪水漫过田埂跑鱼。通常在稻田中挖的小池子（也叫鱼溜、鱼坑、鱼函），面积一般占稻田的5％到10％，这也是稻田养鱼的关键步骤。也可开挖鱼沟，一般挖成"十"字形或"井"字形，形状多样，能使鱼儿畅游到大田就行了，同时在稻田的进、出水口设置竹栅栏，以防成鱼逃逸。一般沟宽60厘米、深50厘米，挖沟的时间一般在插秧前20～30天完成。

3月春分后至4月清明前，进行第一次犁田，施基肥（有机肥），修补田埂；4月中下旬，第二次犁田并耙田，再次用泥巴修补田埂（即"糊田塍"）；5月下旬至6月上旬，水稻插秧返青后，进入分蘖盛期，此时将小鱼苗放入鱼溜，通过水池进入稻田，觅食活动。6月中下旬至8月中下旬，水稻进入抽穗扬花、乳熟期，是水稻生长茂盛期，小鱼在田间觅食小虫（卷叶螟、稻飞虱等），不断长大。9月上旬，长大的成鱼便可进行收获、销售、食用，小鱼则留下来继续生长。10月至翌年3月，稻田将被覆水浸泡，进入休田期，小鱼在池中越冬。

稻田养鱼的周期模式

月份	1	2	3	4	5		6	7	8	9		10	11	12
水稻生长期	休田期				返青分蘖期					成熟收获期		休田期		
田鱼生长期	小鱼越冬期				鱼苗放入田间				幼鱼成长期			成鱼		

就稻田养鱼而言，鱼苗进入稻田摄食和活动，可以疏松土壤，改变土壤的团粒结构，有利于水稻根系的呼吸和发育，从而促进水稻有效分蘖。同时杂草和浮游生物的富集作用被减弱，从而减少了稻田甲烷的排放量；鱼的排泄物中含有氮、磷等营养元素，减少了氮肥和磷肥的使用；稻田养鱼还在很大程度上降低了三化螟、稻纵卷叶螟、稻飞虱等病虫害对水稻的危害，大大减少了农药的使用，有较好的生态效益。

紫鹊界稻田养鱼（新化风景名胜管理处/提供）

(二)
巧夺天工的自流灌溉系统

紫鹊界梯田最具特色的是其自流灌溉系统。紫鹊界梯田地处亚热带季风气候控制下的低山丘陵区，降水集中，多暴雨，属于南方山丘易侵蚀脆弱区。紫鹊界先民根据地形、地质、土壤、森林植被及水源特征，因地制宜地开凿梯田，并从水源、蓄水、保水、输水、灌溉各个方面创造性地采用了多种技艺，以简易的工程设施实现了有效的自流灌溉，运用该系统，加上世代沿袭下来的一套科学管水办法，有效地控制了水土流失与干旱灾害。紫鹊界梯田自流灌溉体系是我国劳动人民创造的完善的灌溉系统和水土保持工程，是千百年来中国南方山丘地区人与自然协调、水土保持生态系统、农业可持续发展与水资源可持续利用的典范。该工程千年不衰，至今仍被有效运用，且能够维持当地居民正常的生产、生活，以及今后的农业可持续发展，值得世界上其他同类地区的农民学习借鉴。

1. 修筑有度

紫鹊界梯田的灌溉工程体系由蓄水工程、灌排渠系、控制设施三大部分组成。

(1) 蓄水工程

紫鹊界山地植被茂盛，水资源涵养条件极好；其山体为花岗岩，岩体坚实、少裂隙，恰似池塘不透水之底板；其地表为沙壤土，吸水性能好，每立方米土壤储水量达0.2~0.3立方米。紫鹊界的土壤能吸收雨水，又能均匀、均时地渗出，形成优良的蓄水系统。

紫鹊界梯田水源之一：地下水（新化风景名胜管理处/提供）

紫鹊界梯田水源之一：岩石裂隙渗水（新化风景名胜管理处/提供）

　　紫鹊界先民在当地山间溪流上修建小型堰坝，高1米左右，长2～3米，拦水、溢洪、排沙、引水功能齐全，根据梯田供水需要建设在不同海拔高度，据统计目前共有69座。进水口多在堰坝上游几米远处，方向与溪流走向呈60°以上夹角，保障引水安全。坝顶高程低于引水渠面，暴雨时洪水可从坝顶溢流排泄。渠首段设沉砂池和冲砂闸，一年或几年冲砂一次即可。这种小坝日常无需专人管理维护，使用方便。

蓄水池（新化风景名胜管理处/提供）

　　层层的梯田同时也有蓄水的功能。田埂高度一般为0.2～0.3米，每亩梯田可蓄水50～60立方米，所有梯田田块的蓄水能力可达近1000万立方米，加上土壤涵养的丰富地下水量，保障了梯田作物充足的水资源。

梯田"音符"（袁小锋/摄）

（2）灌排渠系

　　灌溉水由小溪流水经输水渠送到梯田区，由于灌溉单元都不大，输水渠道的长度、断面和流量都很小，紫鹊界管这些渠叫毛圳。这种田间毛圳一般不串田而过，而是沿着田块内侧或外侧，用矮埂将渠和田隔开。紫鹊界梯田中的这类渠道总长有153.46千米，都是土渠，挖掘和维护管理很方便，用最少的工程量，保障了每块梯田的用水。

田间毛圳（新化风景名胜管理处/提供）

紫鹊界梯田层层的狭长田块，也是临近田块间输水的主要通道。从近至远，从上而下，输水方法多数采用借田而过。

借田输水（白艳莹/摄）

在梯田的某一些地方，为防止水流冲刷田埂造成崩塌，在从高一级梯田流入低一级梯田的地方，用竹子通穿挑流作笕（小渡槽），把水送到离田埂脚较远的位置。

竹笕渡槽（新化风景名胜管理处/提供）

（3）控制设施

梯田的每条渠道所灌梯田的数量、位置都有规定，农民通过刻石分水、刻木分水等简易控制设施，实现有效的用水管理。

田间分水设施——刻石分水
（新化风景名胜管理处/提供）

田间分水设施——刻木分水
（新化风景名胜管理处/提供）

2. 灌溉有方

紫鹊界的山泉、山溪众多，常年不竭，溪流总长达170余千米，呈树枝状分布。紫鹊界的成片梯田以引溪水灌溉为主，泉水直接灌溉的只限边缘局部田块，溪流水位置有多高，梯田就有多高。紫鹊界梯田的水源是由小溪坝截流引来的水，在相对独立的田块区则通过田间毛圳来灌溉，梯田内部则是通过借田输水实行串灌串排，在局部必要的地方用竹子作笕，从而实现整个系统的自流灌溉。

紫鹊界梯田宏伟的自流灌溉系统（新化风景名胜管理处/提供）

高水高灌，低水低灌（新化风景名胜管理处/提供）

紫鹊界梯田区农民世世代代自觉遵守一些有关梯田用水管理分配和工程维护的乡规民约。紫鹊界梯田是一处古农耕稻作文化遗存，在悠长的农作历程中，紫鹊界梯田区灌溉形成了不成文的规定，当地农民世世代代自觉遵守，例如高水高灌、低水低灌，较高一级渠道的水灌较高的梯田。紫鹊界梯田灌溉区有时也缺水，但从来不会发生水事纠纷。

（三）
传统梯田修建与维护技术

1. 梯田修建

　　紫鹊界梯田的土壤属于沙壤土，土壤质地较轻，梯田的修筑较为困难。当地人在修建梯田时，主要采用了循序渐进的修建方法：先在山坡平缓处开挖出缓坡旱地，经过一段时间的耕作，缓坡旱地逐渐变成较平的旱地；再根据当地的灌溉条件，采取措施把旱地改造成台地，并使之不断耕种熟化；最后的台地逐渐改造成水稻梯田。旱地—台地—水田反复翻挖、施肥耕作和逐年熟化的过程，确保了梯田的建造质量，使梯田肥力稳定，保证了田埂坚固耐用不渗漏。

2. 梯田维护

　　传统的梯田维护技术主要是冬季覆水和春季多次田埂修复模式。一方面每年秋季水稻成熟收获后，当地农民要将稻田灌水浸泡至第二年开春，蓄水10~20厘米，清理查找田埂孔隙，进行补漏。另一方面一般都要在秋冬季翻耕板田，春季插秧前还须进行2~3次犁田、整田。干耕时要求土壤湿度适宜，一般在泥土湿润、水量在土壤最大持水量70%左右时进行。

　　在整地过程中有一个重要环节（称"糊田塍"），即整理、修复田埂。通常在第一次耕板田时要先清除田埂上的杂草，然后将之撒入田间、翻耕压入土内待其腐烂。到第二次耕田灌水时，采用软泥加厚田埂10厘米左右，待田埂晒干3天后，再次以软化泥浆刮平田基侧面，其主要目的是增加田埂厚度，起到防漏、蓄水，防止梯田垮塌的作用。此外，为了不让鳝鱼、泥鳅打洞钻孔，穿通田埂造成渗漏，夜晚农民会打灯观察。

人勤春早（新化风景名胜管理处/提供）

梯田灌溉沟渠维护（新化风景名胜管理处/提供）

（四）
传统水稻种植技术

1. 育秧

　　优良的种子是育秧的基础，催芽则是育秧的关键。紫鹊界梯田区农民自古以来以箩筐或扮桶催芽，此方法比较简便，易于掌握。催芽时先将扮桶洗干净，打开有孔一端的木塞，稍抬高无孔的一端，以便漏水，然后将浸好的种谷洗净、沥干，倒入扮桶内，装到六成满为止，覆盖稻草，加压砖石，以便保温。根据农民的经验，在种谷胚根未露出以前（俗称破胸）温度宜高，以促进破胸，这是减少哑谷的关键，破胸温度以40℃左右为宜。破胸后，温度稍低，以30～35℃为宜，并注意调节水分和保持良好的氧气供应。当种谷绝大部分破胸出根后，充分翻一次，并加入清水，控制温度在30-35℃之内。经过一夜，再进行第二次翻动。这时芽子已基本催好。芽子的长短要视天气而定，天气好时芽子宜稍长，播后出苗快；天气不好时，芽子宜短，以增强抗寒能力。通常在天气好的情况下，当芽长到3～6毫米，根长也有13～17毫米时，便可播种育秧。秧田主要选择地势当阳向南、背面靠北、土质较轻松肥沃、田面平整、肥力均匀、水源充足、排灌方便的冬闲田。

2. 确定插秧时间

　　确定插秧时间是传统插秧技术的关键。紫鹊界农民长期实践的经验认为：中稻须在5月立夏到小满的半个月内插完。农谚说"小满日差日，芒种时差时"，是说中稻插到小满芒种时，迟一日、一时，都对水稻的生长发育和产量有显著的影响。

插秧（新化风景名胜管理处/提供）

3. 田间管理

中耕除草是分蘖期田间管理的一项重要措施。中耕除草既能清除杂草，又能减少水分和养分的消耗，改善土壤通气性，使肥料与土壤融合，提高泥温，有利于肥料的分解，促进新根和分蘖的发生。农谚有云："土要过铁板，田要过脚板""禾踩三道脚，米都不缺角""天晴踩田当得粪，落雨踩田不如困"。

除草（新化风景名胜管理处/提供）

中耕除草一般在返青到拔节前进行。第一次中耕宜早，早中耕有促进早分蘖的作用。一般在插秧后10天左右，秧苗已经转青成活，即可进行。在第一次中耕后，7～10天再中耕第二次，最后一次可在分蘖末期进行，以巩固前期有效分蘖、抑制后期无效分蘖。中耕须在晴天进行。踩田前，田间要放浅水，踩田后再灌几天深水，这样可以淹死杂草。还可以在第二次中耕时撒入少量石灰，中耕过后晒田2～3天，使杂草腐烂。同时每次中耕时还应去除夹蔸稗和不易死亡的杂草。

（五）
传统旱地䅟子栽种技术

䅟子，古称穄，它还有很多别名，比如龙爪粟、龙爪稷、鸡爪粟、雁爪粟，等等。它是紫鹊界梯田地区特有的旱地种植作物，一年生草本植物。䅟子作为一种杂粮，可以做成美味的䅟子粑粑、也可熬粥，深受

䅟子（新化风景名胜管理处/提供）

人们喜爱，同时还具有较高的药用价值。其秸秆可编织篮、帽子等装饰品，也可作造纸原料。穄子主要种植在海拔高800米以上的旱地，产量低，经济价值高，同时对栽培技术的要求较高因而目前只有少数农户小量种植。穄子的栽培技术主要包括轮作倒茬、精细整地、适时播种和勤中耕。

1. 轮作倒茬

穄子栽培的关键是轮作倒茬，农谚有"重茬穄，哭着喊""三年穄，不如草"，说明穄子忌连作。穄子连作后病虫害严重，杂草猖獗，种过穄子的地肥力消耗较大，土壤易板结，需要轮作倒茬。因此穄子的前茬以豆类、薯类、棉花、玉米、绿肥为最好，而前茬为高粱、荞麦，则种植穄子的产量明显较低。

2. 精细整地

穄子籽粒小，整地要求精细，当前茬作物收获后，土壤水分适宜时，要及早浅耕灭茬，进行保墒，以便秋耕。春耕时要完成耙、耢、耕、压等整地作业，为穄子发芽出土、健壮生长提供条件。春播穄子的基肥要结合秋（冬）耕情况施入，如秋末后施肥的，应在春耕时翻下。

3. 适时播种

在紫鹊界，春播穄子宜在谷雨过后进行，于日平均气温稳定在15℃左右、地温稳定在10℃以上时进行播种。夏播穄子以尽早播种为宜。

4. 勤中耕

穄子要求勤中耕，中耕不仅可抗旱保墒，清除杂草，同时还可疏松土壤，使穄子生长健壮，提高穄子质量。穄子地至少应中耕三四次。穄子栽种要注意合理密植，第一次在间苗时浅中耕除草；第二次结合定苗浅中耕；第三次在拔节后，结合追肥进行深中耕，并培土；第四次在孕穗期进行浅中耕，除草松土。如遇大雨、穄子根外露时，要及时培土。

（六）

传统地力维持技术

1. 有机肥沤制

　　传统的有机肥沤制主要是将水稻秸秆或山上的茅草放入猪圈或牛栏里面垫底，供家畜睡觉使用。待家畜将垫草充分践踏、粪尿将垫草浸透后，用铁耙将垫草耙出，放入土坪，进行堆积、发酵。紫鹊界地区农民至今仍沿用此法，生产有机肥。

有机肥沤制（新化风景名胜管理处/提供）

2. 有机肥施用

农民多将沤制好的有机肥堆积至稻田的一角，待春耕时再均匀施入田间。土壤施入有机肥后，土壤有机质增加，可促进土壤微团聚体数量增加，改善土壤的物理性质。有机肥除含氮、钾外，还有较多的有机硅酸与其他微量元素。冷浸田、鸭屎泥田、青夹泥田等常年冷浸田在浸泡以后，增施基肥。其主要经验是"粗肥打底，细肥施面"，以利于根系伸长。

担有机肥去梯田（白艳莹/摄）

（七）
传统病虫害生态防治技术

1. 惊蛰杀虫

惊蛰时节是春耕的开始，气温回升，经过冬眠的动物开始苏醒，一些有害昆虫即将出土并危害农作物。农民为了消除这些害虫，就在每年的惊蛰时节使用石灰水遍洒屋檐、墙角以及田间。这也预示着人畜平安、无病无灾，农作物不受虫害，当年五谷丰登。

2.　生态治虫

紫鹊界地区最为常用的生态治虫技术主要有稻田养鸭、稻田养鱼以及青蛙捕食消灭害虫。稻田养鸭，指在稻田栽水稻后放养一定数量野性强的鸭子，既能捕食稻田害虫的成虫、幼虫和部分菌核菌丝，又能清除水稻的病叶、老叶及稻田杂草，对水稻纹枯病、二化螟、稻纵卷叶螟、稻飞虱、稻蝗虫、黏虫等水稻病虫和稻田杂草有很好的控制效果。另外，鸭子的活动还大大改善了稻田土壤的透气性，减轻了有毒物质的危害，促进了水稻根系的生长。稻鱼共养也是一种较为生态的治虫方式，能吃掉落水中的部分害虫。而且，当地禁止捕食青蛙，大量的青蛙捕食了稻飞虱、浮尘子等田间害虫，起到了驱避水稻病虫害的作用，生态效益明显。

3.　自制土农药

新化人除了采用生态技术防治害虫外，还自制了一些土农药来消灭害虫。例如用茶枯（饼）防治秧田红砂泥虫。茶枯主要的杀虫成分是生物碱，有溶血作用，其次是皂素成分，有湿润作用，对害虫有较强的忌避作用。秧田防治红砂泥虫的常见方法是：用茶枯10～15千克，加熟石灰5～10千克混合，在秧田未播谷种前，均匀撒施于秧田。在谷种下泥后，若再有红砂虫发生，则每亩用茶枯7.5千克，加水75千克，煮1小时，冷却过滤后泼洒或喷洒。

新化还用烟草防治水稻螟虫、飞虱、浮尘子。

防治稻螟虫主要采用烟熏方法。烟草是一种茄科作物，主要杀虫成分是烟碱（尼古丁）。红花烟的老叶片含碱量最多，一般为12%以上，烟碱对害虫有触杀、畏毒及熏蒸作用，药液或蒸汽可伤害虫子的中枢神经而致其麻痹死亡。在螟蛾盛发高峰期或螟卵盛孵前2～3天，将烟茎切成6.6～10厘米长，插于禾蔸旁的泥下面，顶部露出一点在泥上，田中水层保持3.3厘米深左右，一周内不排水。若用烟叶，则把两处烟叶摊开，阴阳搭配，上面沾些米汤，卷成小指粗的长条，切成3.3厘米左右的长条插于禾蔸旁。

新化农民还会到山上采集黄藤（又叫雷公藤、水莽、断肠草）这种藤本多年生植物。黄藤的杀虫成分主要是类似生物碱的雷公藤碱，对害虫有强烈的畏毒和忌避作用，其用法：将黄藤根皮碾成细粉，每亩用2~2.5千克与石灰粉25~30千克混合均匀撒施，可防治螟虫。制成黄藤液剂：每亩用黄藤根粉或根皮150~250克，加水75千克，冷浸24小时或加热30分钟，滤去渣滓喷雾，可防治负泥虫、螟虫。

闹羊花（又叫老羊花）也是当地农业上选用的土农药。闹羊花的杀虫有效成分为马醉木素和杜鹃花精，以花部含量最多，根、茎、叶对害虫有触杀、畏毒、熏蒸作用，其用法是将闹羊花液切碎熬水，制法：将闹羊花的花、茎、叶等原料切碎，每斤加水2.5~5千克，熬煮30~60分钟，取出药液过滤，加清水喷洒。可以去除稻纵卷叶螟、稻飞虱、浮尘子等害虫。

（八）传统农业工具

紫鹊界梯田耕作主要采用人力、畜力、手工工具、铁具等。传统的水田耕作工具主要有犁、铁耙、木耙、剁刀、铁锄头、四齿耙子等；传统的水稻收获工具有镰刀、扮禾桶、箩筐、竹撮箕等，其中以扮禾桶最为常见：在水稻收获时，先将水稻割倒，晴天晾晒1~2天，然后人围站于扮禾桶四周，手持水稻，将稻谷打于扮禾桶。传统的晾晒工具为篾晒席，常搁置于土坪，便于收晒。传统的灌溉工具为龙骨水车，梯田部分地域水分分布不均，大旱之年，人们为了防御旱灾，便使用龙骨水车，将水由地势较低区域运输至地势较高区域；传统的粮食加工工具有石磨、碾谷的碓、石臼、米筛、团箕等；当地还保留有传统的捕鱼篓、蓑衣、斗笠、木水桶、竹筒等。

● 犁：以木头和铁板制成，用来犁地翻土。

犁（杨海波/摄）

● 铁耙：主要用于平整田块，便于禾苗栽种。

铁耙（白艳莹/摄）

● 木耙：主要用于平整田块，便于禾苗栽种。

木耙（白艳莹/摄）

● 剁刀：以铁片和木棍制成，春耕时用来砍田坎上的杂草。

剁刀（杨海波/摄）

● 铁锄头：也是翻田或整地的工具，适合于面积较小的田块。

铁锄头（张永松/摄）

● 撮箕：以竹子编织而成，可以用来收获成熟的稻谷，也常用于运送有机肥。

撮箕（杨海波/摄）

● 四齿耙子：用于处理有机堆肥、平整小田块或者修复田埂的铁器工具。

四齿耙子（张永松/摄）

● 镰刀：主要收货工具。

镰刀（奉华云/摄）

● 扮禾桶：纯人工收获水稻的主要工具。

扮禾桶（白艳莹/摄）

● 谷箩：以竹篾编制而成的农具，主要用于运送收获的稻谷。

谷箩（杨海波/摄）

● 竹撮箕：晾晒稻谷的常用工具。

竹撮箕（白艳莹/摄）

● 竹扁担：以竹子制成，主要用于挑箩筐或簸箕，质地坚固有韧性。

竹扁担（杨海波/摄）

● 禾枪：以竹子制成，主要用于运送稻草以及上山砍柴。

禾枪（杨海波/摄）

● 篾晒席（晒簟）：以竹子编制而成，是主要的粮食晾晒工具。

篾晒席（新化风景名胜管理处/提供）

● 晒谷耙：晒谷子时平整谷面，使之受光均匀的一种工具。

晒谷耙（张永松/摄）

● 龙骨水车：一种常用的抗旱工具，用于从低处向高处田块运送水。

龙骨水车（白艳莹/摄）

● 谷风车：收获稻谷后，进行初步加工的工具，用于去除秕谷。

谷风车（白艳莹/摄）

● 礳：以质地坚硬的木材和黄泥制成，其内部多用泥填充固定磨齿及磨心，是稻米的初步加工工具，用于去除稻米外壳而得糙米。

礳（杨海波/摄）

● 碾盘：石器，碾子的上半部分，用来碾大米的农具。

碾盘（杨海波/摄）

● 石磨：用石头制成，用来磨糯米、大豆、辣椒面等，是一种用于精细加工的农具。

石磨（杨海波/摄）

● 木碓：木材制成，用来舂稻谷。

木碓（杨海波/摄）

● 糍粑槌：木头制成，主要是和石臼一起用于舂糍粑的工具。

糍粑槌（张永松/摄）

● 石臼：石头制成，主要用于舂糯米糍粑的一种农具。

石臼（杨海波/摄）

● 碎米筛：以细竹片编制而成，用来晾晒东西，或者筛去粮食谷物中的碎粒和砂石。

碎米筛（杨海波/摄）

● 团筛：以竹子编织而成，筛米时用来接碎米或者小范围晾晒的一种工具。

团筛（张永松/摄）

● 升：以单个竹节做成，常用的度量工具，1升为500克。

升（杨海波/摄）

● 斗：以木材和铁制成，常用的度量工具，1斗等于10升。

斗（杨海波/摄）

● 斛：以木材和铁制成，常用的度量工具，装满一斛就是12.5千克，四斛为一担（50千克）。

斛（杨海波/摄）

● 捕鱼篓：以竹片编织而成，用来
放泥鳅、黄鳝或者螃蟹，播种时也
用来放玉米种子，使用时通常把它
系在腰间。

捕鱼篓（白艳莹/摄）

● 斗笠：下雨时，为出行或田间劳
作而戴的防雨帽。

斗笠（白艳莹/摄）

● 蓑衣：下雨时，为出行或田间劳
作而穿的防雨服。

蓑衣（白艳莹/摄）

● 木水桶：以木材制成，用来挑
水、盛水。

木水桶（白艳莹/摄）

感受梅山深处
的紫鹊风情

五

湖南新化紫鹊界梯田

　　紫鹊界梯田是我国南方稻作梯田文化和苗瑶山地渔猎文化相互融合的典型代表。紫鹊界梯田的产量相对低于平原地区，这在客观上使得人们需要通过捕捉鱼虾、野兽等渔猎的生产方式来获得更多的食物，以维持日常生活。同时，梯田的开垦坡度较大，湿润多雨的气候使得潜在的滑坡、崩塌等自然灾害的孕灾概率相对较大。历史上，苗族、瑶族和侗族等少数民族的先民长期活跃在紫鹊界地区。因此，独特的自然条件、丰富的物产、耕作与渔猎相结合的生产方式和长期的多民族演替等诸多因素，共同使得紫鹊界形成了丰富多样且富有特色的地方传统文化。

（一）
源远流长的梅山文化

1. 梅山文化的由来

　　"梅山"是湘中自古以来就存在并沿用至今的古地名。汉高帝五年（前202年）封吴芮为长沙王，梅鋗从之，以梅林为家，此地就有了"梅山"这个称谓。据《新唐书》记载：唐乾符六年（879年）石门苗族首领向环率兵数千起义，召梅山十峒（即今新化、安化一带地区）的苗人切断邵州道，会同拥兵衡州的周岳义军大败割据潭州的湖南留后闵顼的军队。这一记载距今已有1 130多年，据此可以说，早在1 000多年以前，以新化、安化为中心的这块地域，"梅山"这一地名就已经被广泛使用了。

　　古梅山地域虽在中国历代王朝的版图中，但梅山人却"不奉诏令，不服王化"，屡屡被朝廷发兵征剿，历代王朝则视其为"化外之民"，以"蛮人"相称，如汉代称武陵蛮、长沙蛮，唐、宋称梅山峒蛮，故有关梅山的历史，民间虽有诸多传说，但正史却鲜有记载。北宋神宗熙宁年间（1068—1077），朝廷派兵入湘降伏扶氏，即史上有名的"开梅山"事件，1072年建县，将梅山地区一分为二，上梅山隶属邵州新化县，下梅山隶属潭州安化县。所谓"梅山蛮"（又史称"莫徭"，即不付徭役）的主体民族即今苗、瑶、侗诸族先民，宋代"开梅山"事件后，汉民大量迁入，民族多元化在这里长期传承、融合、积淀，形成现今不同于任何单一民族的、在中国民俗文化史中独具特色的梅山文化。

现在这一地区仍在大量使用"梅山"或与"梅山"相关的地名，如"梅山""梅山田""梅山殿""上梅""下梅""上峒梅山""中峒梅山""下峒梅山""梅城""梅城镇""梅城路""古梅乡""梅峒村""梅江村""梅户冲""梅家冲""梅林""梅湾""梅塘""梅龙""梅溪""梅子口"，等等。

2. 梅山文化的内涵

"莫徭"在梅山这块土地上生息繁衍，不仅完成了从渔猎到农耕的转化，创造了伟大的梯耕文明，而且在漫长的岁月中形成的信仰、歌谣、武术、医药、饮食、娱乐等独特的文化现象，在开梅山以后，与从外地迁徙而来的移民带来的地方文化，经过长期的融化糅合，创新发展，形成了一种特殊的文化现象，这就是梅山文化。有学者认为，梅山文化是荆楚文化的重要组成部分，是湖湘文化的祖源文化。

梅山文化的内容集中表现在三个方面：一是民间宗教信仰；二是生活习俗；三是文化载体。民间宗教信仰指古梅山地区普遍信奉的"梅山教"；生活习俗包括渔猎、耕种、服饰、饮食、民居、出行、婚嫁、生育、疾病、丧葬、禁忌；文化载体则指民间故事、传说、歌谣、舞蹈、戏剧、曲艺、工艺、医术、武术等。

梅山文化的发展演变过程，反映了人类从山林走向平原、从原始狩猎向农耕稻作文明转化的全过程，融信仰、技能、艺术、风俗、道德为一体，保存了梅山地区古代文明的丰富信息，是当代社会难得一见的"文明活化石"。

（二）
颇具特色的宗教信仰

紫鹊界的宗教文化与其特殊的生存环境密不可分。在那样一个"旧不与中国通"的封闭自守的蛮荒之地，梅山先民不可能接受到外来民族先进的思想和发达的生产、医疗等技术，因此他们把生命和自身安危系于鬼神，如果发生了不正常的事情便归结于得罪了鬼神，在这种情况下，只有祈求至高无上的梅山神张五郎和梅巫教奉祀的各路神明才能解脱。

1. 人神崇拜

紫鹊界的传统文化信仰体现了以多神信仰为主要特征的巫傩文化特色，人们通过巫傩民俗活动，表达了希望与自然环境和谐共处、实现可持续发展的美好愿望。

蚩尤是梅山先民最先崇拜的第一个人神。在梅山先民心目中，蚩尤是完美的英雄，他不但会制刀、戈、剑、戟、弩等五种兵器，而且在用兵打仗时会作巫术呼风唤雨罩大雾，更可贵的是他富有百折不挠、屡败屡战的战斗精神。人们通过傩戏、傩舞、傩狮等文化艺术形式来表达对先祖蚩尤的崇拜。

张五郎是梅山先民崇拜的第二个人神。张五郎，又叫开山五郎，是梅山祖师，他继承了蚩尤的反叛精神。相传他是狩猎能手，开山修路的巧匠，抗击外侵的英雄。他长着一双反脚，倒立行走。又加上他在太上老君和其女儿急急那里学了许多法术，是个天不怕、地不怕、猛兽不怕的梅山狩猎神。只要略施法术，老虎豹子野猪都会乖乖地钻进他的圈套，让他美滋滋地受用。人们将其雕像敬奉于神龛上，逢年过节、进山巡猎、抗击外敌之前，必先祭祀一番，此习历千年不变。

　　梅山人还信奉众多女神，流传较为广泛的是白氏仙娘、梅婆蒂主和梅山猎神梅嫦。这三位梅山女神不曾受封建伦理约束，原始性极强，展示了人的本性。人们通过信奉大量掌握生产生活技艺的神仙等表达了对美好生活的向往，如善于狩猎与捕鱼、会开山辟田的祖师张五郎，掌管家禽的白娘娘等。

　　此外，人们还通过信奉山神、水神、雷神等神祇表达了希望与自然环境实现和谐共存的美好愿望。例如，过农历年时，人们要请师公作法，向神祇祈求来年风调雨顺、五谷丰登，这实际上表达了人们对自然环境的敬畏。

　　从紫鹊界梯田保护的角度来说，这些具有特色的信仰可以约束人们的日常生产生活行为，使他们更加自觉地保护梯田周边的生态环境。例如，人们受前述信仰的约束，不会去砍伐梯田上方的林木，不会去这些地方开山等。这有利于人们维持梯田生态系统的可持续发展，具有积极的意义。

2.　宗教信仰

　　梅山人最早信仰的是蚩尤的"巫鬼教"。他们认为，在中原涿鹿九战中，蚩尤最终被黄帝绑在枫树上杀死后化身为枫树上的蛇，因此，人们每在屋旁、村口、码头、亭边广植枫树以镇邪；师公法杖上必刻蛇形；又因为"牛"（当地方言发音）与蚩尤的"尤"谐音，因此师公用牛角作号，猎人用牛角装硝药，民居屋脊的两端必做成往上翘的牛角形。巫鬼教中还有许多神秘莫测的巫术如放蛊、上刀山、走犁头火、顿简、起土、手斩鸡头等，其表演让人惊讶无比，神秘莫测。

　　后来，梅山宗教由信仰蚩尤的"巫鬼教"发展为以张五郎为中心的"梅山教"。"梅山教"具有系统的神、符、演、会和教义。梅山先民在举行梅山教仪式时，大致有以下几个程序：一是念咒请张五郎等各路神灵；二是祭梅山教祖师；三是请诸神六路发兵；四是打卦，阴卦表示兵马到齐、愿意帮主户办事，阳卦表示诸神不愿来、不愿帮忙，胜卦表示祖师神灵已到，亦是吉利；最后是请神安座。

　　此外，新化的宗教信仰还有佛教、道教和基督教，它们都是外来宗教。佛教在新化的影响比较广，在北宋熙宁年间开梅置新化县前后（1067–1078）传入，历史上曾经建有100多座寺庵，尽管在民国时期和

"文化大革命"中被破坏尽净，现也已恢复了几十座。道教于元代初年传入新化，也曾盛极一时。基督教于19世纪初传入新化。

3. 梅山巫术

巫术文化可以说是一种最原始的文化现象。远古时期，人们对自然现象和自身出现的一些疑难病症做不出科学的解释，因此把这些"反常"现象统统归咎于神灵作怪。既然是神灵作怪，当然只好求助于神灵解决，解决的形式或方法称为巫术。在新化民间流传的巫术技术分黑巫术和白巫术两种。顾名思义，利用巫术来害人的巫术叫黑巫术，能给自己和他人带来益处的巫术叫白巫术。

最早的梅山医术是巫医术，这与梅山先民的巫教崇拜有关。梅山巫医术中有许多稀奇古怪的治疗法，其中最有神秘感的是"梅山水"（又叫雪山水），会用梅山水的郎中还有个专有名词叫"水师"。比如眼眶里"生雾气"，巫师喷上几口巫水就治好了；产妇生崽时崽不落地，向产妇肚子上喷几口催胎水，产妇受惊受凉后下肢收缩，婴儿便顺利生下来了；治疗跌打损伤、毒蛇咬伤等，都用到了含有强烈神秘色彩的梅山水。"梅山水"已经被列入娄底市市级非物质文化遗产名录。

（三）
丰富多彩的文化艺术

因其独特的历史和地缘背景，1980年后，新化成为国内外人文学术界关注的热点地区，先后有法、美、日、韩等国的专家学者来新化调研考察其独特的地域文化。1989年，中外学术界将这种文化正式命名为"梅山文化"。改革开放以来，对梅山文化的研究步步深入，硕果累累，新化县成功举办了"中国第四届梅山文化学术研讨会"，被国家有关部门授予"中华武术之乡""中国梅山文化艺术之乡""中国蚩尤故里文化之乡""中国山歌艺术之乡"等称号。新化山歌、梅山傩戏、梅山武术分别于2008年、2011年、2014年成功申报为国家级非物质文化遗产保护项目。

1. 梅山傩戏——宗教艺术的活化石

梅山傩戏又称傩舞，是梅山地区民间举行祈福、求子、驱邪等傩事活动时扮演的娱神和自娱戏剧，也是一种父老乡亲表达祈福消灾美好愿望的民俗舞，已流传数千年。它以中国南方原始狩猎经济与农耕经济为基础，全面生动地记录了南方原始民族传统的生产、生活习俗，反映出古梅山人从渔猎生活向农耕生活转化的历史，也反映了古梅山族群不畏艰苦、披荆斩棘、开天辟地、追求美好生活的意愿，同时又保存了不同时期融入的中原文化元素，是研究南方民族融合史、宗教演化史、民俗史的"活化石"，是戏剧发生学、戏剧形态学不可替代的信息源，是研究湖湘历史文化不可再生的资料宝库。新化傩戏剧目丰富，表演形式和内容丰富多彩，动作粗犷，语言幽默诙谐、俏皮风趣，唱腔高亢亮丽又优美婉转，自成体系，是我国傩戏艺术中的一朵奇葩。"梅山傩戏"已经于2011年被列入国家级非物质文化遗产名录。

傩戏（新化文广局/提供）

　　傩头狮身舞是迄今为止最为原始而保存完整的傩舞，起源于水车镇。相传400多年前，当地旺族罗姓修建祭堂，一班工匠住在罗氏聚居的田凼院子里，主家对工匠款待十分热情。为了回报主家，工匠们帮忙砍掉田头的一株大水桐木，为首的老木匠利用早晚工余时间雕了一公一母两只大狮子和一个小狮子崽。临走前，老木匠教会了罗氏山民傩狮的舞法，并说只要年年舞狮子，罗氏宗族就会五谷丰登、六畜兴旺、狂邪不犯、子孙发达。后来，罗氏族人遵嘱年年舞耍傩头狮子，验证了老木匠所言不虚。而且，据说一些新婚夫妇和不孕不育夫妻请傩狮进宅产子，求男得男，求女得女。

　　傩头有傩公、傩母之分，二者的面部、重量和身长都有差别，傩头面具与蚩尤头像一脉相承，傩身是用白布绘上狮子花纹而制成，"傩头狮身"由此得名。傩头狮身舞表演由五人完成，有一公一母一幼崽，傩公、傩母分别由一人舞头、一人舞尾，幼崽一人舞，伴有锣、鼓、唢呐。一场完整的傩头狮身舞有72课，每课有固定的表演动作。完整的傩头狮身舞要有重大的宗族活动才表演，平常只表演其中的7课，表演完约需15分钟。

傩头（新化文广局/提供）

傩狮（新化文广局/提供）

2. 梅山武术——中华传统武术的重要流派

在梅山文化浩渺的星空中，古朴神奇的梅山武术是一颗闪闪发亮的恒星。梅山武术发源于古梅山域内的新化县，流传于湖南、湖北、广西、贵州、云南、四川等省区的部分地区，属南拳系，是当今中国传统武术流派中历史最为悠久并能很好地保留古传武术功法与技击精髓的优秀拳种。其起源可以上溯到远古氏族部落时期，正式形成拳种流派则是在宋代末期。梅山武术全面地反映了梅山地区的民俗生活和文化传统，已经于2014年被列入国家级非物质文化遗产名录。

梅山武术专著和乡土教材（新化文广局/提供）

梅山武术形成于恶劣的自然环境和战事频繁的社会环境中。几千年来，梅山先民对内与山中猛兽搏斗、对外抵抗王兵的杀戮，在长期的出操戈戟、枕居枪弩的生活中，创造了以防为主、攻防兼备、古朴无华、简洁实用的独特武功流派。

梅山板凳横空格斗（新化文广局/提供）

紫鹊界武术是梅山武术的重要组成部分，而且在表现形式上更加显得原生态。首先，在器械上有打猎用的铁叉、铁耙、铁尺，也有日常生活中的板凳、方桌、棍棒、长烟筒、雨伞等。在紧急情况下，随手抡起

梅山武术（新化文广局/提供）

这些器械，即可赋予它们攻击性，达到防身御敌、克敌制胜的目的。其次，功法独特，攻击性强，无虚架花招，套路繁多，短小精悍；手法勇猛刚烈，灵活多变，攻守自如；徒手搏击时多拳法，善用掌，少腿法，下盘扎实，步法稳健。最值得一提的是，它的很多武术技法和动作都从日常生产生活中耕作和狩猎等生产劳作过程演化而来。

3. 新化山歌——多民族融合的音乐奇葩

梅山民俗文化博大精深，其中富有浓郁本土特色的新化山歌，更是一枝绚丽的奇葩。20世纪50年代初期，著名民间歌手伍喜珍，把一首高腔山歌《郎在高山打鸟玩》唱进了中南海怀仁堂，博得了毛泽东、周恩来等中央领导的赞扬。2008年，新化山歌被列入国家级非物质文化遗产名录。

对新化山歌的起源有多种说法，历代县志和府志都没有记载，但从山歌本身可以寻找踪迹，有句云"秦始皇兴起到如今。"史诗亦可为据，如

伍喜珍中南海怀仁堂演唱
（新化文广局/提供）

宋·章惇《开梅山歌》有"穿堂之鼓当壁悬，两头击鼓歌声传"，生动地记载了梅山山歌的一种特殊演唱形式；清末大学者黄宗宪《山歌题记》中则记载："冈头溪尾，肩挑一担，竟日往复，歌声不歇。"因此有民歌研究专家认为，新化山歌起源于先秦，兴于唐宋，盛于明清。

新化山歌是劳动人民在长期的劳动生活中创造的艺术结晶，世代相传，深入到民间生活的各个角落，几乎事事有歌、天天有歌，唱山歌成为人们交流思想、融洽感情的一种主要方式。新化山歌的表现手法丰富多彩，句式长短有致，俚俗方言衬词较多，是美学价值极高的民间文学文本。在音乐上特色十分鲜明，起音都较高，跳跃性强，往往是一人起头众人和，具有粗犷、激越、陡峭、抒情的风格和大胆、利索、调皮、带有野性美的特色，是我国民间音乐中的一枝带露的野玫瑰。

新化山歌（新化文广局/提供）

　　不同于新化其他地区，紫鹊界的山歌具有曲调高昂、唱腔响亮的特点，属于新化特有的高腔山歌。紫鹊界地区的高腔山歌的形成与历史上自然生态环境和劳动生产条件有着密切的关系。在古代，梯田一般开垦在远离村落的地方，因此当人们去梯田进行劳作时，特别是到那些接近森林边缘且人迹罕至的梯田进行劳作时，有可能遭遇到猛兽等动物，这会给人们带来极度的危险。因此，人们通过打响锣，高声吟唱山歌或劳动号子等吓跑可能潜伏的兽类；同时，也可以有效地舒缓疲劳、放松身心。山歌与紫鹊界的日常生产劳动有着密不可分的关系，大量的山歌描述了日常的生产劳动场景，如歌唱梯田生产过程的《插秧歌》、描述狩猎过程的《郎在高山打鸟玩》（也叫《神仙下凡实难猜》）等。

《郎在高山打鸟玩》

郎在高山打鸟玩（hāi），
姐在河边洗韭菜。
哥哥叽，
你要韭菜拿几把，
你要攀花夜里来。

莫穿白衣白裤莫拖鞋（hái），

扛只小小锄头做招牌。

要是哪个看牛伢子碰到你，

你只讲去田里看水来。

你到十字街上买双草鞋倒穿起，

上排脚印对下走，

下排脚印对上来。

我哩两个行路莫把笑话讲，

坐着总莫挨拢来。

有心做个无心意，

神仙下凡实难猜。

4. 神龙舞——生龙活虎的民间活动

中国龙从起源至今，已有8 000年历史。中国是龙的故乡，而中国的龙文化渗透于中国人精神与物质生活的各个层面，可谓是泱泱大观。在紫鹊界一带，舞龙的习俗依然是那么古朴和率真，舞龙的过程充满着对神的期望和对龙的崇拜。这里常用的龙有香草龙、夜游龙、地滚龙和黄龙四个品种。其中，香草龙是敬奉天地、兴家旺宅之龙，为龙中之王；夜游龙为祈求五谷丰登、驱瘟避疫之龙；地滚龙为节庆期间小孩戏耍之龙；黄龙为欢愉喜庆，祭祀祖先之龙。

● 香草龙

紫鹊界的香草龙与稻作梯田文化的关系十分密切。舞草龙是为了纪念稻神，同样有着几千年的历史。自古以来，紫鹊界人极为重视舞草龙活动，他们认为香草龙是五谷大神、地母娘娘的化身，是保护紫鹊界五谷丰收和保家旺宅的神灵。每当天旱无雨或者虫灾严重的时候，人们便到田间地头去舞香草龙，以祈求神灵灭害杀虫。春节时则到各家各户的家里舞龙敬稻神、闹元宵，以祈求神灵护佑人们平安发达、兴家旺宅。在一些重大的节日和庆典上，也要舞草龙以示庆祝。

香草龙除龙头和龙尾之外，中间一般有七或九拱，用竹篾织成龙骨，并用2米左右的木棒牢牢扎到龙骨上，然后用稻草织三条粗壮的辫子，把龙头、中拱、龙尾连接起来，每拱的距离5～7尺*，龙头到第一

---

* 尺为非法定计量单位，1尺≈33.3厘米。

拱约7尺依次缩短，最后两拱之间约5尺。草龙制作完后，即可将其收藏起来，要舞龙时，再将其搬到草坪或田埂上，将龙身的木把插入土中，然后把从山上采来的万岁藤（一种常绿的藤状草本植物）做成龙被，系到草龙上，并在每拱龙骨上扎一把线香。而舞龙人则头缠红布、腰系红巾，立于龙旁待命。举行舞龙之前，要先由法师作发猖法事，请神降临。在紫鹊界，一般祈请巴油庙王、邹法灵公、奉君三郎、王公樟柏、九姑仙娘、罗公义威、罗公光侯等地主菩萨，以及师公的前承师父等。发猖之后，在龙灯的引导下，游龙开始到每家每户舞龙。在每一户舞龙后，主家要打发红包、糍粑和礼品，并燃放鞭炮，随即收龙。收龙时，龙尾先行退出，再调转龙头，奔向另一家。待各家各户都舞遍之后，再由法师举行复杂的收猖仪式，舞龙便宣告结束。

舞草龙（新化文广局/提供）

● 夜游龙

顾名思义，夜游龙是晚上舞动的游龙。其扎制方法是，先将龙头、龙尾、中拱用竹篾扎成灯箱，除头和尾扎成龙的形状外，中间各拱扎成长约2尺、直径1尺的圆柱体灯箱，并分别固定到长6～6.5尺的圆木棒上，灯箱内设置安放蜡烛的地方，然后用皮纸糊上，下方留一方孔以便安装蜡烛，再用白布作龙被，将其固定到各节灯箱上，夜游龙便扎成了。为了好看，可在龙头龙尾和各节灯箱上点缀一些红绿纸花，亦可贴上"五谷丰登""风调雨顺"等字样。舞夜游龙主要在晚上进行，同样要请神、发猖、收猖，进行的方法也一样，只是在祈请神灵时，要加上"驱瘟避疫，除病消灾，风调雨顺，五谷丰登"等语。

舞夜游龙（白艳莹/摄）

● 地滚龙

地滚龙也叫地龙，地龙舞是流传于奉家镇下团村的一种独特的民间舞蹈，据传产生于南宋。

历史上，地滚龙曾经被青年男女用于表达爱情，他们利用"春社"游洞的时机，在洞内舞龙来向对方表达爱意。若男子对某一女子有好感，则手执龙头面对该女子舞蹈。若女子也看上了男子，则该女子手执龙宝与男子对舞，从而产生爱情。这与"公主抛绣球""新化山歌对歌"有异曲同工之妙。随着时代的发展和人们思想观念的进步，舞地龙的原始作用逐渐淡化，演变成一种纯粹的民间文艺表演形式，并伴有锣鼓，表演场所也从洞内移至洞外。现在的地滚龙主要是供小孩戏耍娱乐的龙，也可参与夜游龙的游龙活动。地滚龙表演时，因节奏性很强，若配以锣鼓点子，其观赏性更强。地滚龙参与夜游龙或香草龙活动时，要参与请神发猖仪式，到各家各户去龙舞时，它的主要任务是跟香草龙或夜游龙到主家厅屋中央表演，以增加喜庆气氛。

　　地滚龙的制作方法简单，只需用稻草编制一个龙头，插上一根约66厘米长的木棍作手柄；用竹篾做成一个球状的"宝"，也拴上木制手柄，用皮纸糊好，即成。舞蹈由两人进行，一人舞龙头，一人舞龙宝，配合默契，舞地滚龙。舞地龙有固定的招式，共有三十六合式，而今能表演出来的只剩下十四合式。

地滚龙（地龙）（白艳莹/摄）

● 黄龙

　　黄龙是到处可见的用布做成的五彩斑斓的龙，多用于婚丧喜庆活动和祭奠祖先、清明祭扫活动。现在的梅山人舞黄龙时，为适应在舞台上表演，已将龙身大大缩短到6～7米左右。舞时一般用双龙，加一个持宝人，叫双龙抢宝，舞动时更为活跃，并大量采用滚、叠、跃等动作，其表演极具观赏性。

5. 梅山竹子戏——濒临失传的古老戏种

　　梅山竹子戏，又称木偶戏，原名楚南戏，传人至今有13代。竹子戏与木偶戏不同，需要用一手伸入戏偶内操控其进退与翻转，一手操控连接于戏偶手部的两根细长竹竿进行手势动作的表演。竹子戏的唱腔源于祁剧唱腔，祁剧形成后逐渐向各地发展，以祁阳、衡阳为中心的称永和派，以邵阳（新化古属宝庆府，今邵阳）为中心的称宝河派，梅山竹子戏的唱腔属于宝河派。梅山竹子戏从古至今演出的剧目有一百余出，现在能完整演出的戏剧有30出。这种表演形式在以前深受群众喜爱，往往剧团每到一地都会吸引十里八乡的百姓前来观看。到如今由于时代的转变、大众传媒载体的增多，梅山竹子戏这一古老的戏种生存的空间越来越小，年轻人中几乎无人愿意学习与传承这门艺术，因而濒临失传。

梅山竹子戏演出（新化文广局/提供）

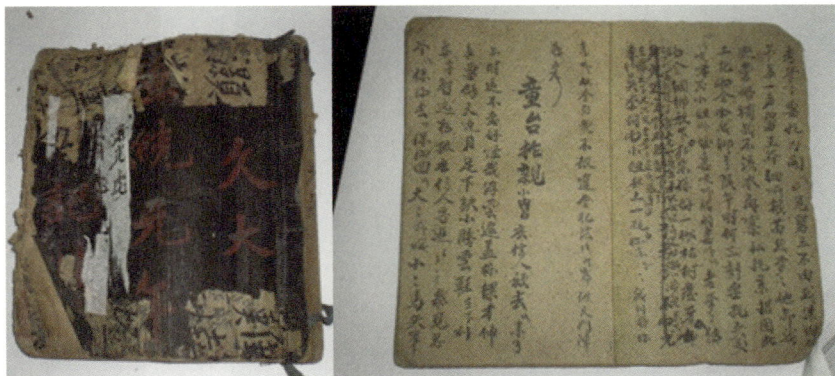

梅山竹子戏古剧本（宣统元年）（新化文广局/提供）

（四）
独具一格的节庆习俗

紫鹊界的节庆活动主要有春节、清明节、尝新节、中元节等，大部分节日都别具地方特色。

1. 年关吃萝卜

紫鹊界人过年，必烧一炉大火，叫做"三十夜的火，元宵节的灯"，而且火越旺越好，火之旺，预示来年日子的红火。除夕火旺之时，则将整块的腊肉和整只的鸡或鸭一起清煮，熟后，将腊肉、鸡或鸭从锅里捞出，留下一锅汤，再将萝卜切成块，倒进锅内清炖。正月初一清晨的餐桌上，除了"鸡鱼丸子肉，海带蛋花粉"之外，必有一碗萝卜，招待客人的餐桌上，也必有一碗萝卜。这个"规矩"成了紫鹊界山民的习俗。

村民做糍粑（白艳莹/摄）

2. 春社吃社粑

新化人把春分日叫做春社日，意即春天即将到来。这时，毒蛇等害虫也即将苏醒。因此，在春社这一天，人们用粑粑把害虫等堵在洞里，就可以让它们不危害一年的农业生产。慢慢地，即演变成为春社日吃社粑的习俗。在新化，人们又把社粑称为"扯粑"；吃社粑又有"堵蛇眼"的意思，据说是"春社吃了粑，屋里不见蛇"。

3. 清明节 "挂清"

清明节是民间极为重要的节日，俗称"挂清"。从清明前十日至清明后三日，是为祖宗坟墓祭扫之日，其中清明前一日或二日为寒食节，在茅田地方，不宜扫墓，说是烧化的纸钱易被孤魂野鬼抢走。扫墓尤以清明日为佳。给新去世的人"挂清"，其习俗又有所不同。即在人去世的次年春节过后，其子孙要为亡人做"孝清"，选2米多高的竹竿，用竹篾在杆上扎成骨架，然后用纯白纸剪成各种装饰图案或人物故事粘贴到骨架上，上立仙鹤。孝子们披麻戴孝，将"孝清"置于坟头，上三牲祭礼供果于坟上，然后点香化纸，顶礼膜拜，并鸣放鞭炮，如此连续三年依法进行，只是"孝清"的颜色却有变化：头年用白纸，次年用花纸，三年用红纸，如此约定成俗，沿袭数千年，祖神崇拜依然如故。当地挂青习俗历史悠久，制"青"手艺也精益求精。

4. 耕牛过生日

耕牛在新化人的心目中有着非常重要的地位。新化人认为农历四月初八这一天是牛的生日。在这一天，农民和牛都会放一天假，以示对牛的尊重和爱护。

紫鹊界勤劳的老黄牛（新化文广局/提供）

5. 尝新节吃新米粑粑

每年"立夏"后头伏逢卯日为尝新节，五谷果蔬为上苍所赐，应先请天地神灵尝新，这是古梅山地域苗、瑶、侗等民族更重于端午节的节日。当年，瑶人遭官兵追杀时，有好心人见其中有孕妇临产，即插了一面令旗，规定此地不准杀戮，孕妇才躲在瓜棚底下产下瑶崽。自此瑶人将此日定为节日，规定当年生长的瓜果必须先敬神灵之后方可食用，这就是尝新节的来历。是日，人们备酒礼牲食，以新米煮饭（如新米尚未成熟，可摘新稻数茎蒸熟），加上最时新的蔬菜水果，敬奉天地，敬奉祖先，祀请"五谷大神"，以保佑无旱无涝、岁稔年丰。

村民做糍粑（白艳莹/摄）

6. 中元节

"七月半"是中元节，又称鬼节，因传说每年七月初十阎王开门放鬼回家探亲而命名，但在湘中民间，如果说祖先是鬼则大为不敬，故没有任何人称中元节是鬼节。一则，它是湘中地区传统的四大祭祀活动之一；二则，它是迎接列祖列宗回家"打住"的庄严肃穆的祭祀活动。七月初十傍晚，家之长者率合家大小到三天门外，点香化纸，呼喊列祖列宗和亲人回家，一路呼喊，一路点香化纸，引导亲人进屋。之后，每日三餐，都要备办好酒好菜，细心款待，并焚化冥钱。到七月十五中元日，要为亲人准备"包封"，即用黄表纸将冥钱、金锭、银锭包好，上书"包财一束，某年中元大会行，某公某大人或某母某孺人受用，具包人某某"等字样。傍晚，将所有包封送三天门外，装香敬茶，燃化纸钱包封，热热闹闹地打发亲人返回阴曹地府。对新亡故之人，还要烧"金银箱""衣冠箱"等。一些地方还有放河灯超度孤魂的习惯，即用篾片和彩纸扎成小船或灯笼，中燃蜡烛，下托木板，一家一盏放于河中漂流，银光闪烁，颇为壮观，民间谓之"送瘟神"。

7. 五谷大神祭拜

五谷大神祭的是神农皇帝。神农尝百草，发明了稻谷，后人尊其为稻神，各地都有不同时节的稻神节，祭祀仪式有求雨、祭农具、招稻魂、除田鬼等，均在药王庙举行。而紫鹊界的稻神节则定在每年的农历八月初十，届时用猪头四足、雄鸡酒礼、炮蜡香纸等十多种礼品，请五位道士在新扎的高台上以最隆重的仪式祭拜五谷大神，祈求风调雨顺、人寿年丰。五谷大神祭拜是紫鹊界几千年来流传至今的最为重要的祈福仪式，是对先民们在长期的农耕生产中创造出来的稻作文化的深刻体现。

8. 放桶花

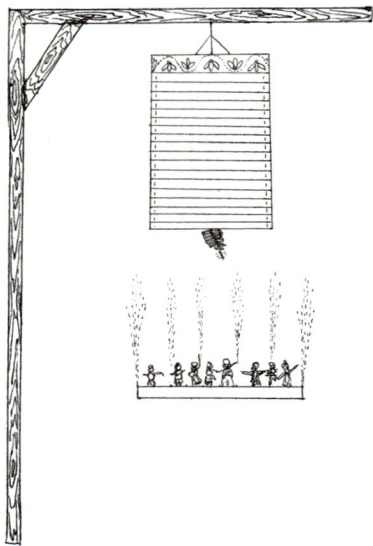

桶花燃放示意图（新化文广局/提供）

看过浏阳烟花的人不少，见过新化桶花者却不多。新化燃放桶花的习俗以紫鹊界景区所在地水车镇为盛。当地民俗认为，燃放桶花不但可使地方清泰、远离灾患，还可祈求五谷丰登、六畜兴旺。紫鹊界桶花的历史可追溯到明代。据传，有了吃月饼的习俗，接着便有了放桶花的民俗。新中国成立前，每年农历八月十五是例行的桶花燃放日，后来曾一度停止，距今最近的一次成功的桶花燃放会在1956年，而今已经失传。

9. 送小孩

　　在新化，中秋节这一天，除了常见的吃月饼习俗之外，还会进行烧宝塔、摸秋和送小孩等活动。其中，送小孩为新化独特的民俗，深受欢迎。在中秋节这一天，小孩们偷一个冬瓜并装扮成男孩的模样，然后放到没有生男孩的人家的床上。待主人招待了瓜子和花生之后，小孩们即准备离去。其中的一人忽然说忘了一件东西在"孩子"身上，紧接着跑到床边把"冬瓜小孩"身上的瓜藤一扯，冬瓜里头的水便流出来打湿了被子。孩子们就会拍手大叫："哦嗬嗬——射尿了！"主人不但不会骂，还会欢喜得哈哈大笑。这个游戏深受大人和小孩的喜爱。

10. 烧宝塔

　　烧宝塔是新化中秋节时的另外一个习俗。中秋节这天，人们用碎瓦片垒成空心宝塔，里头烧上柴火，烧到晚上9、10点钟时，宝塔会被烧得遍体通红。烧宝塔到高潮部分时，则以硫磺、木炭、硝混合的粉末撒向宝塔，升腾起红红绿绿的火光。

11. 摸秋

　　中秋节的习俗还有摸秋，人们到别人的菜园里去偷瓜、果、凉薯、橘子等，主人即使遇上了也不会责怪，但只许吃不许带走。

12. 腊八节杀猪

　　新化农家在农历十二月初八这天杀猪，通过"还猪头愿"的仪式感谢各路梅山神仙的保佑，祈祷来年五谷丰登、六畜兴旺。然后，人们会做一大锅"毛血汤"，请亲朋好友来吃，把煮好的猪血分送给左邻右舍。

（五）
板屋特色的传统村落

　　紫鹊界的民居是沿用了两千年多的各式各样的干栏式板屋，或分散，或集中，分布在大大小小、高高低低的梯田之间，形成了水乳交融、天人合一的独特的人文景观。据不完全统计，分布于梯田中的板屋有2 000多栋，建筑面积达26万平方米。其中明代的16栋，占地1 700多平方米；清代的105栋，建筑面积13 600多平方米，其余都属民国及民国以后的建筑。人们世世代代生活在这些板屋里，日出而作，日落而息，生息繁衍，创造了紫鹊界梯田这个人间奇迹和灿烂的梅山文化。

紫鹊界梯田中的干栏式板屋（袁小锋/摄）

　　紫鹊界地区历史上最早的民居建筑是用石头砌墙、上覆茅草的石屋，一般为瑶人的居所。后来改为用土筑墙或用土砖砌墙，上盖树皮或茅草。到宋代才逐步发展成干栏式板屋，覆小青瓦或杉木皮。

　　干栏式木板屋的建筑风格是以圆柱方梁做框架，然后用横梁把排架连起来，再栓上木栓。墙壁用木板装修，上方的墙体则用竹篾织底，墙外粉刷石灰，既节省了木材，又增加了建筑物的美感和室内的光亮，还可以防止野兽的攻击。屋面以小青瓦为主，但杉木皮也一直沿用至今。屋脊的做法也很讲究，中间安放的宝鼎据说是姜子牙的神位，屋脊两端的翘角则代表战神蚩尤头上的一对角。这是普通民居正屋的造法，一般为四扇。富裕的农家要在正屋两旁砌一栋横屋和一个披厦，横屋下层用于仓储，上层供孩子们学习和住宿，披厦则是猪牛栏和厕所。

近观干栏式板屋（白艳莹/摄）

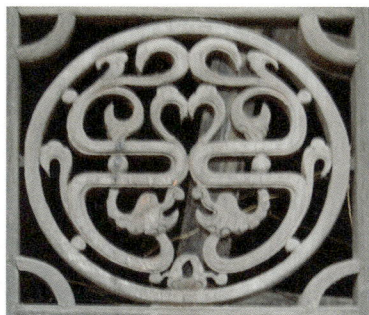

　　板屋中的雕刻，堪称一绝。最为精美的是窗花，不仅造型匠心独运、结构错综交杂，而且每一个构件都一丝不苟、巧夺天工，使每一个窗棂都优雅、华贵，令人叹为观止。

板屋雕刻——双龙双凤圆形图
（新化文广局/提供）

板屋雕刻——鲤鱼跳龙门（新化文广局/提供）

　　梯田中的古民居建筑造型豪放而雅致，在选址和布局上与自然地势紧密而巧妙结合，从而使村落高低不同、错落有致。每个家庭建房前要请风水先生根据家人的生辰八字实地勘界定向，每个门户的朝向都是不同的。一般每个庭院中除房屋建筑之外，还有小菜园、小水塘，有的还栽上一两棵风水树或果木树，并用竹管引一股山泉到屋前屋后，以供饮用洗浆。

梯田农家院落（新化文广局/提供）

紫鹊界现存保护较好的传统村落主要有楼下村、正龙村、上团村和下团村等。

1. 楼下村民居

楼下村位于水车镇东北部,其历史可追溯至宋太祖建隆年间(960–963年),2010年被评选为湖南省级历史文化名村。楼下村古建筑历史悠久、保存完整,多为庭院建筑风格,同时吸取了干栏式板屋建筑之特色。楼下村民居现有木板屋100多栋,主要有老屋院、庠地院、月形院、五房院、香花凼上院、香花凼下院、南林公院、新庄和"沧溪三古"等古建筑群。整个村落依山而建,村口有两座山峰相对,村落中的一座座房屋沿着山脚直至半山腰依次坐落,宛如拾级而上却又错落有致,体现了古代先民营造聚落时讲求"效法自然、人地和谐"的特色。从村落的发展演变历史来看,四香书屋和沧溪古庙是楼下村现存最早的建筑,也是村落最初发展聚集的核心。从居民构成上看,楼下村为罗姓后人聚居而形成,具有典型的宗族血缘特色。同时,罗姓族人又非常重视子孙后代的教育和文化知识的传习,具备典型的耕读文化特色。

楼下民居(新化文广局/提供)

楼下民居（新化文广局/提供）

楼下民居（新化文广局/提供）

楼下民居（新化文广局/提供）

　　楼下村里还有一棵有"神树"之称的千年古樟相守，当地老百姓把樟树当作神灵敬奉，也吸引了方圆数十里的信士前来祭拜。

楼下村的千年古樟树（新化文广局/提供）

2. 正龙村民居

正龙村位于水车镇东北部，2011年被评为娄底市最美乡村，2013年被评为湖南省旅游特色名村，2014年被国家列入第三批中国传统村落。正龙村的主要姓氏是袁姓、奉姓、罗姓和杨姓，其居所始终保持沿袭几千年的干栏式建筑风格。正龙村保存完好的木结构干栏式建筑达200余

正龙村民居（袁小锋/摄）

栋，大多建于清末民初年间，已有百年历史。房屋依山而筑，两层，外墙为木板，两侧山墙竹编抹白灰，屋面为黑色小青瓦。整个木楼群远看似乎很集中，密密麻麻，近看便发现每栋各为独立的小院落，有足够的空间作晒场、菜园，植果木、风水树。各栋房子之间以石板路连通，石板路通向村子的每个角落。

正龙村四面高山环绕，巍巍的龙脑山，神奇的帽子石，历史悠久的蚩尤岭，妩媚妖娆的凤凰山，高耸入云的大云山，婀娜多姿的燕子岩，威武俊俏的马头山，神仙留下的峡谷、铜鼓丘、七节洞、高山瀑布，小龙戏水的鲤鱼滩，栩栩如生的团鱼石，加上层层叠叠的梯田、婉转动听的潺潺溪水，把个正龙村装点得如诗如画，四季美不胜收。

正龙村附近梯田（罗中山/摄）

　　正龙村人勤劳智慧，数百年来继承和发扬苗、瑶民族的传统，将四周铁桶般高耸入云的梯田，经营得火红火旺，成就了今天的繁荣兴旺景象。

正龙村民居和梯田（新化风景名胜管理处/提供）

3. 上团村民居

　　奉家镇上团村位于新化县西南边陲，海拔1 000米，距县城100千米，与怀化市溆浦交界。村落依山而建，系典型的山区木板民居，居民多以狩猎、农耕和木材输出为生。这里有千年古刹"中峒梅山寺"；有

上团村民居（新化文广局/提供）

鬼斧神工的飞来石奇观、飞水洞瀑布、狮子岩神韵、猴子拜观音；有九曲十弯的清水河、红旗界、侗寨古茶亭等风景名胜。2013年8月，住建部将上团村列为"第二批中国传统村落"。1935年12月，贺龙、任弼时、关向应率中国工农红军红二军团长征时，驻扎这里，红二军团司令部旧址所在地"竹园"于2012年1月13日被列为第三次全国文物普查百大新发现，2012年5月3日被公布为第七批全国重点文物保护单位。

"竹园"是一座典型的地主庄园式建筑，是大地主奉世卿改建的房屋，始建于明末清初，占地7 000平方米，建筑面积5 680平方米。其建筑艺术既保留了干栏式板屋的建筑特色，又突破了明清地方达官贵人喜欢的"多进式"格局，宽敞的禾场与回廊更多地表现了其实用性，增加层高显然也摒弃了传统的低矮框架，体现出以人居舒适为本的理念。主体建筑保存完好，是它的价值所在。

"竹园"正门所对的山峰上建有"中峒梅山寺"，相传始建于明末清初，明末时称白云寺，乾隆时叫永兴庵。寺的正面，有猴子拜观音奇石景观，离寺约300米的地方，有酷似狮子的巨型石头，被称为狮子岩，旁有"飞水洞"瀑布。六月天时，来这里的游人最大的享受是那无与伦比的清新和清凉。

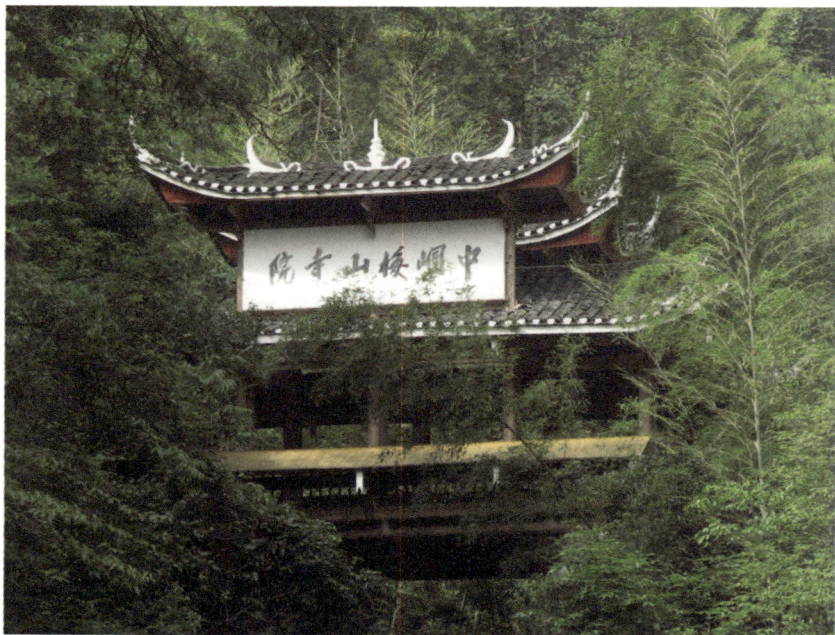

中峒梅山寺（新化文广局/提供）

4. 下团村民居

下团村位于新化县奉家镇，是当年红二军团的扎营地，后又被粟海等学者考证为陶渊明《桃花源记》的行笔路线。下团村的地貌酷似桃花源，小小的田垄如诗如画，四周的板屋赏心悦目，村后有数十米高的瀑布飞流直下，汇成一条小溪欢快地流过村庄，一座座水井和数千株桃树装点在板屋之间，每到初春，桃花盛开，四周群山中的野樱桃花争奇斗艳，引来无数游人在这里流连忘返。该村先后被评为娄底市最美乡村、湖南省"3521旅游创建工程"特色名村、第三批"中国传统村落"。

1935年，红军战士来到了这个村庄，至今村里还保留有红军战士住过的古老木板房，保留着红军走过的青石板路，人们亲切地称之为"红军屋""红军路"。一直以来，村干部特别重视对红色文化资源的发掘和整理，红军的本色和作风成为该村教育后代和旅游文化的重要内容。

下团村民居（张灿强/摄）

除了前边介绍的这4个村子之外，紫鹊界还有不少保存较好的传统村落。水车镇的长石村由于相对闭塞的原因，受到的人为破坏也相对较少，当地的民居还保留着板屋的原始风貌。水车镇的白源村至今仍保留有100多栋板屋，是白源村村民的主要居所，基本上是以姓氏聚居的聚落群。从明代开始，何、罗、刘、龚等姓的族群陆续来到这里"立草为标，划地为营"，生息繁衍，建造起了这美丽的家园。

（六）
酸辣型的饮食特色

　　紫鹊界海拔相对较高且降水充沛，全年多雨雾天气，空气相对湿度较大，新鲜食物难以长时间保存。这种自然环境特征对人们的日常生产和生活等产生了深刻的影响：在日常生活中需要预防风湿疾病。在实践中，人们逐渐认识到：通过对腌制酸菜、辣椒、野胡椒等日常饮食的合理搭配，可以有效预防风湿类疾病，因而形成了具有"祛寒除湿、降火发汗"为主要特色的酸辣型饮食。同时，人们也通过用盐腌制，或者先腌制后熏烤等方法来保存食物，如辣酱、剁辣椒、白辣椒、盐（腌）菜、柴火腊肉、烟熏板鸭、火焙鱼等。此外，地方小吃则体现了梯田地区多出产糯米、穇子、荞麦、蕨根等特色物产的特点；同时，为了便于外出劳作时携带和充饥，主食多被制作成南方典型的粑粑，如叶子粑、穇子粑、坨粉粑、光米粑、肚脐糕等。在饮料方面，则形成了具有地方特色且可以临时充饥的茶、米酒和凉水；其中，茶主要有贡茶、擂茶、苡米茶，米酒主要有以紫鹊界特产的糯米酿制的甜酒，凉水则是用本地特有的凉树藤所结的果实制作而成的独特饮料。总体上，紫鹊界梯田区域的传统饮食文化形成了以本地特有的物产为依托，与自然环境相适应的特色。

紫鹊界梯田区域的传统饮食文化

类别	说明	举例
腊制品	对饲养的家畜、家禽、鱼等进行腌制和熏烤，便于保存	柴火腊肉、风干板鸭、火焙鱼
腌制品	对蔬菜等用盐，辅以姜丝、豆豉等佐料进行腌制	茄子皮、白辣椒、剁辣椒、辣酱萝卜、盐菜
菜系	结合本地物产，经长期发展演化而成，成为湘菜的重要分支之一，具有酸、辣的特色，可以祛寒去湿	三合汤、雪花丸子、擂打鸭、米粉肉、酸辣醋汤鱼、鱼冻、泥鳅钻豆腐、鸭子粑、板栗蒸鸭

续表

类别	说明	举例
小吃	以本地特产的紫米、糯米、穇子、荞麦等为原材料制作的各种便于携带和充饥的小吃	糍粑、光米粑、杯子糕、猪血粑、马炼黄、穇子粑、坨粉粑、蕨粑、炒米花生糕、米粉辣椒
茶饮	以本地出产的茶叶、大豆、苡米、凉树藤等为原料制作的特色茶饮，可以解渴充饥	梅山贡茶、绞股蓝茶、月芽茶、云雾茶、擂茶（三豆、三米）、苡米茶、凉水
酒饮	选用本地出产的优质糯米等为原料，经浸泡、蒸熟、封坛等传统工艺精心制作而成	甜米酒、甜糟酒、甜水酒、米烧酒、窖酒、苡米酒

1. 十荤、十素、十饮

新化饮食文化极富地方特色，苗、瑶、侗等民族的许多饮食习俗保留至今并有创新发展。食杂、喜辣、好酸、味浓、爱闹（热闹）是湘中饮食文化的特点，娄底有"吃在新化"的赞誉，而新化的"十荤、十素、十饮"闻名遐迩。2008年，三合汤还被列入北京奥运会的运动员食谱。据《梅山》记载，十荤包括三合汤、雪花丸、米粉肉、鸭子粑、柴火腊肉、回锅狗肉、泥鳅钻豆腐、水车鱼冻、稻花鱼、肘子肉；十素包括杯子糕、穇子粑、糯米粑、酢荞粑、糍粑、蕨粑、擂米粑、淀粉粑、粽子、烧麦；十饮包括擂茶、凉粉、水酒、蛇酒、米烧酒、甜糟酒、苡米酒、云雾茶、青红茶、金银花甘草茶。相信只要你去过紫鹊界，品尝过那里的美食，这一道道美味佳肴一定会让你唇齿留香、流连忘返。

2、鱼冻晶莹，稻米飘香

水车冻鱼，有不同叫法：鱼冻、鱼结、鱼构、鱼叫。有些文人雅士还起了些温情的名字，如"鱼水相依""鱼水情深""生死恋"，等等。紫鹊界的美食数不胜数，然而水车冻鱼却最让人惊叹不已。

水车冻鱼的制作比较讲究，最大的奥妙在于煮鱼用的水，一定要用水车当地的老井水，否则便做不出地道的美味。制作水车冻鱼的时候，首先要选土生土长的本地池塘里养的鱼，深潭、溪水中的鱼最好；然后用清水清洗外表，去鳞去腮去内脏，开腹后将鱼腹两壁的黑色黏膜用手

水车冻鱼（陈代永/摄）

慢慢抠下来，清理完后万不要再用水冲洗。用墩板将鱼切成两指宽的一坨，同时用大火烧一锅适量的水。水一开，将鱼块放入锅中，不捞不抄，加盖锅盖，沸腾后再用文火慢煮，看到乳白色的鱼汤时，便可以放盐了，然后就可出锅。制作过程中千万不要放油，否则鱼冻会凝结，也会失去鱼冻的原汁原味。也尽量不要放葱姜蒜一类的佐料，可以将大块的生姜和当地独有的一种鱼香叶放入汤中一起煮，出锅前捞出。将鱼一碗碗盛好，在低于18℃的常温下，放一晚上就可自然凝结成坨。鱼冻结好后，就不会再融化了。此时冻鱼晶莹剔透，一片冰心，一眼可以望到碗底，夹在筷子上颤颤巍巍，入口即化。这样，鲜香甜美的水车鱼冻就做好了。清纯本真、鲜美爽口是冻鱼永远高昂的旗帜。在紫鹊界，上桌时有的在冻鱼上放从坛子取出来的酸剁辣椒，洁白的冻鱼，红红的辣椒，让人垂涎欲滴。

（七）
文学作品

1. 诗词歌赋

（1）古代诗词

古代描写紫鹊界的诗词歌赋对当时的景色也有一定的描写，但大多都是围绕当时的历史展开。

出梅山歌

（宋）章惇

出梅山，乘篮舆，荒榛已舒岩已锄。

来时绝壁今坦途，来时椎髻今黔乌。

扶老抱婴遮路衢，为谢开禁争欢呼。

田既使我耕，酒亦使我沽。

吏既不我扰，猺酋岂愿长逃逋。

开山之禁谁为初，臣煜入奏陈地图，

臣惇专使持旌车，臣夙协力力有余，

班班幕府授简书，不藉君王丈二殳，

酋猺三万争贡输。如神之速上之化，

刻铭永在梅山隅。

莫徭歌

（唐）刘禹锡

莫徭自生长，名字无符籍。

市易杂鲛人，婚姻通木客。

星居占泉眼，火种开山脊。

夜渡千仞谿，含沙不能射。

元溪既平入穴建堡编山氓入图籍

（明）姚九功

犹疑狂寇卧残兵，故筑中田大纛*营。

岂为弹丸警赤子，因驱犬豕靖苍生。

穷山隶籍新编户，部落归图敢肆横。

一自挥戈浑注厝，百年烽熄海波平。

---

* 纛（dào）：古代军队里的大旗。——编者注

（2）现代诗词

现代描写紫鹊界的诗词歌赋主要从不同的角度来描绘、赞美了紫鹊界的美景。

紫鹊界梯田

钱奕和

梯田源远两千秋，农著文明载史讴。

荒垦苗瑶凉垦侗，形如盘碟势如钩。

山民代代勤为本，汗水年年谷作酬。

天上瑶池歌紫鹊，人间奇迹世遗收。

紫鹊界梯田

唐军林

紫鹊农耕自古奇，战天斗地却无期。

高田连片埂相绕，稻菽成畦水未离。

几点翠微开画卷，数家瑶寨动心仪。

山歌常伴游人至，万亩诗情惹我痴。

新化紫鹊界月牙山梯田

杨桂芳

月牙山上月牙田，级级禾苗飘玉带。

雪花漫舞银妆雅，正好犁锄当彩笔。

如带如梯远近连，层层稻浪叠金砖。

春日融和素绢妍，奇山奇水续奇篇。

新化紫鹊界九龙坡梯田

杨桂芳

山梁九道九条龙，万顷梯田一望中。

鳞甲浮烟光闪闪，瑶民创业乐融融。

纵横连贯形相似，隐现依稀态不同。

风起云从惊世界，神龙竞逐古今雄。

注：九龙坡是山有多高，田有多高，水也有多高。

新化紫鹊界瑶人冲梯田

杨桂芳

两山相抱作凹形，代代瑶民聚此耕。

丽级梯田如铁塔，一冲夏夜响蛙声。

幽幽古峒秦而汉，落落孤村宋又明。

玉镜高擎辉日月，千秋惠泽润苍生。

注：两山对峙于村之左右，其顶各为一田，常年有水，实乃奇观。

登新化紫鹊界

杨桂芳

首夏阳和紫鹊游，千山耸翠共云浮。

梯田远近风光带，板屋高低盛世秋。

红米芳香萦梦想，清泉小曲唱丰收。

稻耕渔猎遗风袭，身入桃源兴味稠。

登新化紫鹊界观景台

杨桂芳

四顾云梯入斗牛，果真紫鹊世无俦。

景随路转车频驻，田并山高水自流。

农妇摊边夸特产，骚翁台上豁吟眸。

犁锄未被机耕替，带子蓑衣斗笠丘。

注：【带子句】紫鹊界的田或窄长能用牛耕，或狭小只宜锄挖，这种田俗叫带子丘、蓑衣丘、斗笠丘。

湖南新化紫鹊界梯田颂

何若慧

群飞紫鹊落梅山，万亩梯田播岭间。

开发千年留胜境，经营卅代变奇观。

九龙缱绻灵泉靓，六合琳琅异彩斑。

睿智先民勤奋斗，天人典范仰尘寰。

注：【九龙】指九龙峰被黄帝点化为九条青龙的传说。【六合】指前后左右上下之间。

紫鹊界秦人梯田赋

李思敏

秦风汉雨到如今，宋镐明锄伴汗吟。

紫鹊孵成山景色，苗瑶绘就画图珍。

梯田闪亮层层彩，稻谷飘香户户欣。

世代板庐彰韵致，民歌曲曲唱人心。

紫鹊梯田人间仙境

李思敏

山路弯弯进老庄，神奇景物蕴仙芳。

云萦岗地遮青翠，雾绕梯田掩嫩黄。

上下千阶泉水润，纵横万道陌阡镶。

炊烟缕缕归牛影，犬吠蛙鸣夜气凉。

注：【老庄】紫鹊界景区的一个村庄名。

秦人梯田神泉灌

李思敏

秦人造地两千年，万亩梯田美誉传。

树草封山藏碧水，峦岩裂隙渗清涓。

田边掘口甘泉冒，地角挖渠微浪翻。

魅力天然全自灌，丰收谣里唱遗篇。

咏紫鹊界梯田·其一

唐子岳

紫鹊梯田锦绣天，红云叠翠画诗笺。

春来万镜斑斓舞，夏至千盘绿浪旋。

秋喜层层金塔艳，冬藏线线素蛇妍。

苗瑶侗汉同心力，梦绘桃源共比肩。

咏紫鹊界梯田·其二

唐子岳

梅山胜景美梯田，紫鹊铺桥绕岭巅。

秦汉桃源传后世，宋明流水灌尧天。

农耕巧织千重浪，青史欢描万户贤。

稻谷澄黄圆古梦，层峦叠嶂续奇缘。

湖南新化紫鹊界梯田系统

孙跃明

梯田王国雪峰娇，水远山高上九霄。

千载交融遗圣迹，无忧旱涝稻香飘。

新化紫鹊界梯田

刘进平

秦开汉凿好梯田，种月耕云人似仙。

更有银河飞下水，常滋禾稼自潺湲。

菩萨蛮·紫鹊界长石梯田·其一

王卓平

长天云色轻松白，田中稻拔从容碧。

叠梦一层层，幻如波韵生。

纵眸惊古老，侧耳山歌妙。

心也起涟漪，寄词情更怡。

菩萨蛮·紫鹊界长石梯田·其二

王卓平

如奔山势真豪迈，田随凹凸犹激湃。

叠韵向苍穹，遣情明月中。

登临寻古迹，感叹神仙笔。

是处育青芽，层层幻若纱。

阮郎归·紫鹊界梯田

袁桂荣

秦人先垦汉人修，畬田翠欲流。

引来紫鹊落芳洲，盘飞吊脚楼。

观奇秀，仰春秋，生机靓眼眸。

天梯借得上云头，金星满斗收。

西江月·湖南新化紫鹊界梯田

曹继楠

疑是蓬莱仙境，原为紫鹊梯田。

疏星朗月落人间，把酒诚邀银汉。

曲曲弯弯玉带，飘飘渺渺云烟。

金丝银线绣珠钿，水墨丹青画卷。

行香子·湖南新化紫鹊界梯田

刘景山

紫鹊翩翩，白水弯弯。

看金龙、浪滚波翻，

石鳞泛锦，丰鹿描斑。

赏红梅俏，歌梅曲，上梅山。

层层向上，节节朝天。

喜当今、更展奇观。

中华一梦，此地先圆。

有梯田高，盘田阔，带田宽。

沁园春·湖南新化紫鹊界梯田

丛延春

胜境蓬莱，蚩尤故里，色彩斑斓。

望佳禾吐翠，浪掀碧野；漫山落雪，蛇舞青山。

有络有经，无塘无坝，泉脉通渠天地间。

浑如画，引耕诗陶令，似醉如仙。

何来造化奇观？借鬼斧神工送紫鹊。

本汉唐遗产，蜚声中外；湘黔文化，美誉江南。

九路罡风，一边田亩，当信瑶池落九天。

君想此，定四方遣返，三界回还。

新化紫鹊界梯田赋

袁国乾

岂不伟哉！岭岭山山；何其奇也，层层叠叠。似年轮四百级，曲曲弯弯；延历代二千年，盘盘碟碟。秦、汉、宋、明，农耕辛劳；侗、汉、苗、瑶，山地渔猎。垒出琳琅满目，分外闪光；展开造化功夫，仍然生色。僻野还诸天地，是创造于先民；洪荒留此山川，作九黎之世界。芦笙赛祖，珠树莺声雨潇潇；毡帽踏歌，远山铜鼓云漠漠。山有多高，田有多高，水有多高；堰无一口，库无一座，人无一个。自流灌溉，清泉养稼禾；浩叹观光，赤土心头过。文化遗存，巧妙融合。灵渠都江围堰相抗衡，水利工程奇迹之世界。

资水滔滔，淘尽古今人物；江风浩浩，吹开大地尘烟。西北部雪峰主脉耸峙，东南方桐凤天龙连绵。辛勤有此庐，三大碗归矣；休闲无个事，三合汤恬然。山歌独具韵情，民风淳朴；武术全民健体，勇武南拳。古色古香民宅，新颜新貌诗篇。万种风情歌舞，男欢女爱蹁跹。

春之时也，暖律乍起，和风方刚。平整填漏，引水育秧。其夏也，如长蛇狂奔，满山遍野；似短笛泻韵，绿色全妆。一寸二寸之鲤，百米三米包箱。雁鸣高亢，秋色金黄。冬雪裹素，鼓声穿堂。

辞曰：睹方圆之红壤兮，山歌无假戏无真。昔仲尼之叹逝兮，始皇兴起到如今。喜蚩尤之正视兮，共炎黄以为神。谓余心之愚钝兮，感道妙之未纯。

注：【九黎】《国语·梦语》注："九黎，蚩尤之徒也。"【梅山三合汤】成功入选2008年奥运食谱。【三大碗】荣登各大酒店菜谱，吃在新化，名不虚传。【蚩尤】5000多年前，黄帝战蚩尤。蚩尤一直被正统文化所排斥，现在被尊为华夏民族三祖之一。【鼓声穿堂】民间流传：穿堂之鼓堂壁悬，两头击鼓歌声传。山歌无假戏无真，秦始皇兴起到如今。蚩尤部族繁衍生息之地险峻闭塞的人文地理环境，孕育出具有鲜明的地域特色。

紫鹊界梯田颂

廖仲敏

天下谁知紫鹊界？万山重叠青天外。喜今开发辟通途，举世惊呼娇绝代！层峦如画列天梯，盘旋曲折入云霄。云外山歌千谷应，山面晴岚万岭迷。云开日上娇容露，渐吐芳华纷展秀。如螺似塔各低昂，杨妃赵女分肥瘦。依山走势自弯环，丘丘岭岭叠波澜。四时温煦群山笑，五谷丰登百卉鲜。村寨半山松竹翠，山回路转饶风味。如簧鸟雀唱清风，引颈骄鹅喧乐队。石罅泉流总不干，千秋万代自潺潺。何须作堰滋粱稻，不用开塘润圃园。天然美景令人醉，自古山民多智慧。自流灌溉入云霄，涝旱无灾乐丰岁。迄秦越汉至于今，千秋万代喜风淳。挥刀举斧除荆棘，弟兄相乐复相亲。无畏饥寒辛与苦，岂避霜雪风和雨。只爱勤劳辟乐园，直入深山最深处。千年今始露真颜，方知世外有桃源。女种男耕山水乐，肴香黍馥袅炊烟。穿红着绿山姑俏，负担扶犁壮汉坚。儿童竹笛横牛背，翁妪银锄种屋前。最爱春青梯月窟，尤欣夏绿映蓝天。红粱金稻秋如画，素岭银山腊更妍。妙境无尘今已少，何须海外寻蓬岛？秀水奇山此最佳，无怨无争人最好。于今盛世已非前，无须世外觅仙源。开发旅游欣妙策，世外人间一手牵。世风民俗相融洽，新歌旧舞共翩跹。春光焕发真瑶府，官民同乐谱新篇。

2. 对联

题湖南新化紫鹊界梯田联

张洋

人手育苗，禾在梯田长；

天公赐福，水于山岭流。

题湖南新化紫鹊界梯田联

何其谷

谁架彩梯，紫鹊飞翔苍岭外；

我观瑰景，清泉奔涌碧山间。

题湖南新化紫鹊界梯田联

刘霞林

我觅仙居，盘旋天路寻青鸟；

谁施巧手，爬上梯田铺绿窝。

题湖南新化紫鹊界梯田联

朱培学

青嶂作梯田，青云重叠禾茎秀；

紫鹊成画界，紫穗扶疏岁月丰。

题湖南新化紫鹊界梯田联

张洪欣

人造梯田，人力耕耘，无限风光紫鹊界；

天开胜景，天然灌溉，有情宝地奉家山。

题湖南新化紫鹊界梯田联

祝大光

自流灌溉，自成佳境，碧水抚琴奏颂歌，堪比都江堰；

大美梯田，大雅人文，禾苗侧耳听旋律，传来紫鹊声。

题新化紫鹊界联

杨桂芳

八万顷梯田鳞次，横飘玉带，纵若神龙，处处画图开，叠层层皆锦绣；

二千年筚路功高，近溯宋明，远追秦汉，昭昭遗迹在，山水水是桃源。

3. 典故传说

　　新化流传的神话传说比较多。作为一个苗、瑶、侗、汉多民族居住的区域，当地流传的神话故事纷繁驳杂，主要围绕3个人物，即蚩尤、张五郎、盘瓠。此外，紫鹊界的景点也有很多动听的传说故事。

（1）蚩尤的传说

　　司马迁在《史记·本纪》中写道：蚩尤作乱，不用帝命，于是黄帝乃率领诸侯，与蚩尤搏战于涿鹿之野，遂禽杀蚩尤（大意）。又据《龙鱼河图》记载：黄帝摄政前，有蚩尤兄弟八十二人，并兽身人语、铜头铁额，食沙石子，造兵器，威震天下。可见，蚩尤由司马迁笔下的正统人物被《龙鱼河图》转化为神话人物，说明蚩尤是一个具有很强神性的半人半神的怪异人物。几千年以来，经过历代王朝的传说与考证，终于还蚩尤以人物形象，把他与黄帝、炎帝一起具象定型为中华三始祖，且被确认为苗瑶始祖、东方战神，南方巫文化，稻作文化和刑法、历法、冶金术、兵器业的创始人，古代政治、军事、宗教的氏族公社领袖之一。

　　在新化民间，蚩尤既对异氏族、外部落是一位好兵打仗的怪力神，又是本氏族和本地方的保护神，因此在新化农村至今绘制蚩尤的形象以供祭祀之用。各地的蚩尤像略有不同，但其共同特点是：头上长角，巨眼且凶猛，阔口且怒张，很恐怖的样子，还通过红配蓝的色彩来强化其凶猛，整个画像给人以躁动不安、神秘、恐怖的情绪感染力。通过绘画蚩尤凶像，人们表达了一种避邪镇鬼、护佑人们安康和地方安宁的感情诉求。

　　蚩尤作为古代战神，其形象在新化民间根深蒂固。蚩尤用牛角"哈雾、哈雾"地吹，可以呼风唤雨、召集兵马，因此师公做法事要吹牛角。蚩尤是被黄帝绑于枫树杀死的，他的鲜血染红了枫叶，化身为枫树上的蛇，因此师公的师杖上刻有南蛇。新化人还崇拜枫树，举行梅山坛仪式的最佳位置就是在枫树下。相关习俗还有春节送春牛、舞春牛等。

（3）张五郎的传说

　　至今为止，对张五郎没有正史记载，但却是新化民间流传最广的一位民间传说人物。在新化的符书、纸版画、木刻、石刻等图画中，都可以见到张五郎的形象：头脚倒置，双脚朝天，左脚心上顶一碗水，右脚心上顶一香炉，左手抓鸡，右手执刀（或剑），面前摆五只碗（或酒杯）。

关于张五郎的叫法，新化民间有很多种，如梅山法主翻倒张五郎、梅山启教翻天倒挂张五郎、翻坛打倒张五郎、祖师张五郎、梅山坛主张五郎、翻坛五郎、耍山五郎等。关于他的"倒挂"有冬瓜端午郎说、求雨赐名说、惩处倒挂说、倒立逃跑说、篱笆倒挂说、脑壳接反说、练功接反说、倒挂解厌说、盘瓠演变说等多种传说。无论哪种说法，都赋予了张五郎"反叛形象"的感情色彩，其原型中既有蚩尤的影子，也有盘瓠的影子。

在张五郎的"倒挂传说"中，最有意思的是倒立逃跑说和脑壳接反说。倒立逃跑说是传说张五郎曾经跟太上老君学法术，其间，得到了太上老君女儿急急（也就是白娘娘）的许多帮助。张五郎学成之后，急急跟他私奔回梅山，太上老君放飞刀来追杀张五郎，急急叫他倒立逃跑以避飞刀，同时将飞刀抓住后杀了一只鸡再放回去。但太上老君在收刀看了血迹后，知道是禽血而非人血，于是再放刀去追。急急只好用飞刀割破张五郎手指，再将飞刀放回，这才骗过了太上老君。脑壳接反说是传说太上老君放36把飞刀来杀张五郎，急急叫张五郎撑开破伞抵挡，飞刀在伞面上滚动，张五郎觉得很好玩又特感兴趣，伸出头来看伞面，被飞刀削下脑壳。急急赶紧撕下一片衣襟把他的头包裹在脖颈上，但匆忙中把头接反了，从此成了个反头。

（3）盘瓠的传说

相传盘瓠是帝喾身边的一条神犬。有一次，帝喾下令，谁能够取下敌军首领的头颅，他就把女儿许配给他为妻。神犬听了此话后便飞奔而去，从敌营中取来了首领的头颅。帝喾一看有些迟疑想毁约，但他的女儿却说，王令即出不可后悔。她毅然跟神犬盘瓠走了。夫妻俩寻到梅山一座洞栖身下来，生儿育女。又说，盘瓠为这里的人们从远方取来了稻种。从此，梅山苗民把它作为图腾传习了下来。

（4）八卦冲的传说

置身紫鹊界石峰观景台，俯瞰八卦冲梯田，可看到数个大小匀称的小山包呈环形分布。一级级梯田依山而造，环抱成一个硕大的太极；梯田田塍长短不一的线条酷似易经八卦的阳爻、阴爻的粗横线，与小山包一起构成一幅易经八卦图。八卦冲也因此而得名。这里流传着一个人们耳熟能详的故事：相传明正德年间，水车镇一带连年遭受旱灾虫灾，与此同时，朝廷横征暴敛有增无减，民不聊生。当地农民李再万、李再昊兄弟不满明王朝暴政，在紫鹊界的白旗峰一带聚众起义。为了拒王兵（官兵）于白旗峰外，李氏兄弟率义军大部500余人下山，在地势较开阔的锡溪村拒敌。两军遭遇后，尽管义军英勇抵抗，但王兵增援力量源源不断，义军渐渐不支，除少数散兵游勇逃回白旗峰外，主力撤至距锡溪五华里的八卦冲宿营。次日，王兵又集中优势兵力围攻八卦冲。义军左冲右突，死伤过半仍无法脱围。此时，当地一位在外做法事的法号叫法灵的邹道士回家路过，听到喊杀声大震，放下道担登上高处一望，见义军已在八卦冲中迷路找不到生门*，若继续下去，有全军覆灭的危险。为了引开王兵，他操起做法事的牛角跑到小山包上吹起来。王兵闻声，疑义军援兵赶到，立即分兵拦截，义军乘机再次突围，但仍没能找到生门。邹道士见状，为了让义军找到生门，他又奔赴最危险的死门，把牛角吹得震天响。王兵随即又将优势兵力转移到死门。见王兵军力转移，义军往防守相对薄弱的生门突围而出。王兵杀掉邹道士，砍掉其头颅后又去追杀义军。为了牵制王兵，身首分离的邹道士爬起来，捡起自己的头颅往脖子上一接，又操起牛角吹起来。王兵闻声，又折回来将邹道士砍倒，并割下其头颅后提走。刚转过一个小山包，后面角声又起。再次折回时，王兵见邹道士尸体的脖子上接着一个女人头颅，又在吹牛角。王兵再次杀死邹道士，并打死一条狗，将狗血淋在道士的脖子上，道士被狗血污染，头再也不能合上，牺牲了。此时，义军已逃得无影无踪。王兵离去后，当地山民捡起邹道士尸身、肢体及那个女人头颅葬在石峰村一个最高的山峰上，墓前竖起石碑，上书"邹法灵公之墓"，改山峰名字叫灵公界。清同治七年，罗名先、罗钦明、邹板群、邹忠道等人用料石修灵公庙于斯，镌以联曰：法术至大，灵验无方。从此，为纪念邹法灵公，八卦冲及周围住民去南岳敬香，启程前总会先给邹法灵公敬香一炷，叫烧起香，香包上书："南岳进香一路平安。"回家后，又总要再给邹法灵公敬一炷香，叫回香。香包上写："回光转照，万事如意。"这个民俗至今仍为水车镇一带村民沿用。

---

* 源自梅山师公科本"八门金锁"，即"休、生、伤、杜、景、死、警、开"八个字，代表八个方位。

4. 散文随笔

　　紫鹊界梯田优美的风景承载着梯田的古老历史，映照着农民的辛勤劳作，记录着传统的农耕文化。无数文人骚客在这里留下优美的篇章，灵动的字里行间，是紫鹊界如童话仙境般的美。

紫鹊界雪景（袁小锋/摄）

在紫鹊界听雪的旋律

陈遗志

　　翻过紫鹊界黄甸甸的秋景，一夜山风，就会吹白紫鹊界的冬天。如果你赶在下雪之前到来，不经意间，就会与别样的雪景撞个满怀。这时候，香甜的美酒已经下窖，半透明的腊肉也早已挂上横梁，还有一群群腼腆的苗族姑娘早已换上了新装，我就不相信，你还有理由拒绝红彤彤的笑脸迎过板屋的白窗。听，紫鹊界的冬——来了，一串串幸福的红辣椒顷刻间就会温暖你一路的风雪。

　　去听听雪的旋律吧，层层叠叠的八卦冲梯田隐若弧线灵动，似一声声轻轻的音乐跳跃不止，挑拨你悸动的眼神；陡峭险峻的老马凼有如潇洒的王子行空归来，摇滚两侧耸立的山峰；九龙坡前，九条银龙直

119

蹿山巅，九个争相竞技的琴键敲出的声响滔滔不绝；站在丫髻寨上极目远望，山舞银蛇，环环相扣，有如古典的律动催开来年的春天。紫鹊界上，雪的旋律无处不在，只要你用心地听，不远的瑶人冲里就会传来一阵阵美妙的山歌，似梵音般飘缈，悦耳至极。

如果只用纯洁、宁静、温暖、和谐来概括紫鹊界雪的旋律，那还是远远不够的。至少你身边一汪汪冒着热气的清泉不会同意，听，泉水叮当，从石涧中奔跑而来，"喔诶，喔诶"地唱着一曲曲动人的歌，是否想到了你的童年，你的留恋，你内心的紫鹊界之歌，那只有你自己最清楚。告诉你，紫鹊界的冬天是在雪的怀抱里成长，只要你随意地聆听，突然间掠过的思绪就会串起你美丽的向往，以至留下"时光怎能让我们忙碌的心灵蒙上灰尘"的感慨……

"蒹葭苍苍，白露为霜，所谓伊人，在水一方"，神奇而美丽的紫鹊界雪景，总如温柔绵绵的江南女子在等候你的到来，在她静静的目光里，一定会有一季冬天的谜待你解开。

六

加强紫鹊界梯田的保护传承

湖南新化紫鹊界梯田

（一）
总结经验，梳理已有举措

1. 构建保护机制，加强系统管理

新化县委、县政府高度重视对紫鹊界梯田的保护与发展，将其作为促进地方发展的重大战略和工作抓手，积极申报各级各类文化遗产保护项目。2006年新化成立了副县级风景名胜区管理机构，在紫鹊界景区设置了景区管理办公室，明确规定了其职能范围包括科学研究、科普宣传、遗产地保护和旅游服务，并颁发了《紫鹊界——梅山龙宫风景名胜区保护管理暂行办法》，将梯田、民居纳入统一的保护和管理范围中。为了鼓励当地农民种植优质农产品，政府制定了良种补贴管理办法和标准，并对农民进行种植技术方面的指导。

新化县委、县政府高度重视对农业文化与景观的挖掘和保护，政府先后投入逾2亿元开展紫鹊界梯田遗产的各项保护性项目，包括梯田保护与自流灌溉系统修复项目、小流域生态综合治理项目、山歌培训项目、民居风貌建设项目和景区观景台建设项目等，把抢救保护与开发新化山歌提到"文化旅游立县"的战略高度来抓，于2005年初成立了"新化县民间文化遗产抢救工程"领导小组，组建了"民间音乐与民间文学采编小组"，并将新化山歌编成乡土教材试点教学，还组建10支民间山歌队做前期培训工作。新化政府还举办山歌艺术培训班，充分挖掘水车本地傩戏、武术、草龙舞等民俗文化资源，组建民俗文化表演艺术团，开展各种民俗文化表演。2006年成功举办"中国第四届梅山文化学术研讨会暨首届梅山旅游文化艺术节"后，多年来陆续组织召开了"紫鹊界世界梯田研讨会""大梅山文化旅游协作学术研讨会""北派易学泰斗廖墨香紫鹊界梯田对话"和"紫鹊界梯田遗产保护研讨会"等专题学术研究会议，有效推动了对梯田区农业文化遗产的文化挖掘和景观保护。2013年11月新化举办了梅山文化旅游资源挖掘整理研讨班，有最长82岁、最小25岁的80多位梅山文化研究爱好者参加。

紫鹊界梯田遗产保护研讨会（新化风景名胜管理处/提供）

2. 利用优势资源，打造优质品牌

　　紫鹊界梯田于2004年正式进入湖南省申报世界遗产后备名录；2005年入选国家级风景名胜区；2006年入选首批国家自然与文化遗产，并列入国家申报世界自然文化遗产预备名录；2009年入选国家水利风景名胜区；2012年被评为国家AAAA级旅游景区，2013年入选第一批中国重要农业文化遗产，2014年列入首批世界灌溉工程遗产名录；同时，新化山歌2006年入选湖南省首批非物质文化遗产名录，2008年入选国家级第二批非物质文化遗产名录；2009年遗产核心区楼下村成为第二批省级历史文化名村；梅山傩戏于2011年入选国家级第三批非物质文化遗产名录；梅山武术于2014年入选国家级第四批非物质文化遗产名录。

紫鹊界梯田中国重要农业文化遗产石碑（闵庆文/摄）

紫鹊界梯田中国自然与文化遗产石碑（新化风景名胜管理处/提供）

紫鹊界梯田中国国家风景名胜区石碑（新化风景名胜管理处/提供）

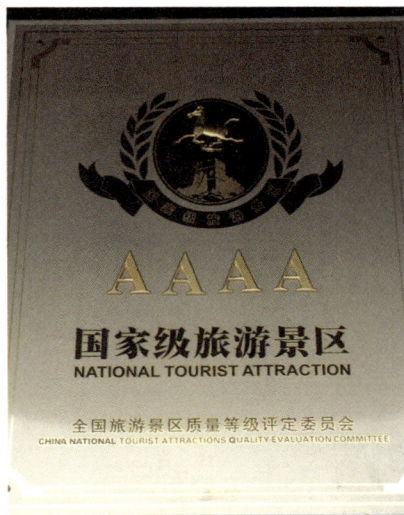

紫鹊界梯田被授予国家级AAAA旅游景区（新化风景名胜管理处/提供）

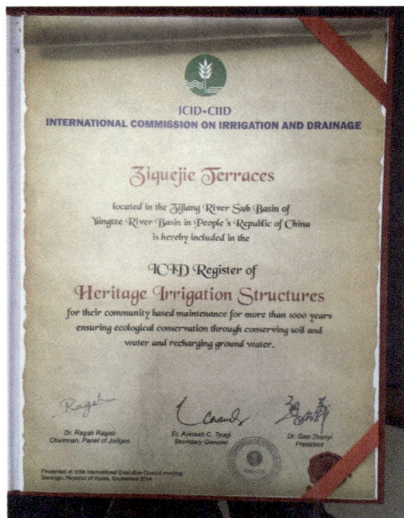

紫鹊界梯田世界灌溉工程遗产证书（新化风景名胜管理处/提供）

　　同时，新化立足于优势资源打造了诸多优质品牌产品，有效推进了农业的产业化发展。新化先后成立了湖南紫秫特色农林科技开发有限公司、湖南隆平高科种粮专业合作社紫鹊界分社以及湖南紫鹊庄园生态农产品开发有限责任公司等23家龙头企业，其中紫鹊界景区有8家农业企业。这些企业已取得了国家无公害农产品、绿色食品、有机农产品以及地理标志产品认证，先后创立了"紫贡米""紫鹊界黑米"等优质品牌，创建了国家级有机稻示范基地等优势品牌资源。

3. 挖掘农业文化内涵，打造多功能农业

　　为了充分展示遗产地的多元价值，新化县非常重视对紫鹊界农业文化的深度挖掘，提出了以农业文化内涵挖掘为核心，从旅游开发、农产品加工和饮食文化整合等方面打造紫鹊界多功能农业。新化县把文化旅游产业发展提升到县委、县政府"一号工程"的战略高度，成立了"新化县文化旅游特色产业领导小组"和"新化县文化旅游投资有限公司"，并以梅山龙宫、大熊山国家森林公园、紫鹊界梯田等景区为重点，加强旅游整体宣传促销活动，举办旅游推荐会和旅游节会，不断扩大紫鹊界梯田的影响力。新化县利用梯田传统耕作方式，大力发展有机农业，重点发展优质稻、黑米、紫米等传统粮食作物，保护其他传统品种和特色

产品，包括金银花、茶、中草药等。充分利用了当地的优质稻米、特色稻米及其他传统农产品资源，开展了以生态农产品为主要原料的产品深加工，把农副产品加工提升为主导产业，提高了农产品的附加值。新化县还加强了对传统饮食及其加工制作技艺的保护与传承，建立了专门的队伍，通过入户调查和走访调查等方法，详细了解和记录传统小吃、传统茶饮、传统酒饮、传统菜品的制作方法、过程和配方等，并形成了相应的视频和照片、文字等记录资料。在此基础上，新化县延伸了农业产业链，形成了集生产、经济、生态、文化功能于一体的新型农业，从农业的经济功能逐渐衍生出农业的旅游功能、文化功能和能源功能等。

4. 强化宣传活动，打造地域标志

新化县组织开展了一系列的主题性传统文化艺术活动、传统文化传承活动以及传统文化教育实践活动，并借助各种媒体加大了对紫鹊界农业文化的宣传报道，及在紫鹊界景区建设开放紫鹊界梯田农耕文化博物馆等，有效推动了其农业文化传承。为了把新化山歌打造成响亮的旅游文化名片，新化县委、县政府投入15万元，协调组织了强大的创作与演出阵容，由县文工团创排了大型山歌剧《寻宝》；2011年9月在紫鹊界梯田区举行了"首届新化紫鹊界国际稻谷文化节暨梯田户外生活节"；2012年5月与中国摄影家协会组织全国千名摄影家云集紫鹊界梯田景区，

紫鹊界梯田米兰世博会推介活动（新化风景名胜管理处/提供）

共同举办了"2012年湖南省首届大梅山旅游文化艺术节"，引来众多媒体报道和国内外众多嘉宾。"蚩尤故里·新化梅山"全国摄影大赛春季采风活动、"紫鹊界杯"电视英语大赛、"神奇大梅山探秘紫鹊界""湖南紫鹊春天会""中国紫鹊界首届（国际）大地艺术节"、湖南省电视媒体集中采访等活动相继在紫鹊界景区举行，还于2015年米兰世博会中国馆举行了盛大的"紫鹊界梯田推介会"，同时通过媒体和"国民村长"李锐等的宣传，扩大了紫鹊界的影响。此外，新化县还通过中央电视台第九套纪录片频道《行走的餐桌》栏目推介地方饮食文化和文化景观，并获得"中国梅山文化艺术之乡""中华诗词之乡""全国武术之乡""中国蚩尤故里文化之乡""中国民间文化艺术之乡"等各种文化地域称号。

紫鹊界大地艺术节（龚韧/摄）

紫鹊界梯田全球认租（龚韧/摄）

紫鹊界梯田农耕体验活动（张永松/摄）

（二）
面临挑战，忧思梯田明天

1. 农业生产比较效益低

　　梯田区农业劳动力兼业化、老龄化问题严重，生产率低、劳动强度大的问题进一步制约了梯田的持续发展。梯田区田块窄，田埂也窄，机械无法进入，耕作、施肥、播种、收获等全靠肩挑手提，生产条件依然停留在古远时代。据测算，梯田区种植稻谷的生产资料成本加上工资成本超过稻谷产品的价值。近年来，农资价格上涨导致农业比较效益下降，经济波动导致农民务工收入增长的不确定性增大，都使农民的财产性收入处于低水平，收入增长的难度增大。

2. 极端气候威胁系统安全

近年来，紫鹊界梯田的极端干旱天气增加。2013年7月1日至8月15日，受强副热带高压控制，新化县持续晴热高温天气，平均气温31.6℃，为历史最高；连续日最高气温≥35.0℃，日数高达36天，为历史最多；其中8月10～13日日极端最高气温持续超过40℃，最高达40.8℃，创历史新高。据调查，龙普村有一片3公顷的梯田因缺水已成为旱土，其他村因缺水变成旱土的梯田也零星存在。如不加快保护，在全球气候变化趋势的威胁下，紫鹊界梯田的系统功能将面临日益严峻的挑战。

3. 梯田基础设施建设滞后

近年来，由于人为活动的增加、公路等基础建设的进行等诸多原因，紫鹊界梯田原有的水利灌溉渠道淤塞受阻，无人整理，久而久之，部分灌溉系统功能丧失。河坝、渠道渗漏严重，而紫鹊界的水利设施均处于原始状态，坝为堆石坝，靠柴草泥土止漏，渠道为土渠，易出现漏水，因此灌溉水利用率较低。

4. 旅游设施与接待条件有待提高

紫鹊界梯田旅游开发较晚，相应的旅游服务设施、旅游建设用地等配套设施建设还不完善。紫鹊界的对外交通主要依靠207国道、省道S312、S225、S217和焦柳、湘黔、洛湛等铁路线。目前大部分游客为短途游客和自驾车游客，由娄底、邵阳和益阳进入新化，路程相对较近。尽管2014年娄怀高速和沪昆高铁通车，交通比以前便利很多，但大部分路段的路况依然非常差，需要进一步改善。紫鹊界内部的交通情况复杂，各个观光点相距较远，紫鹊界自身的环境脆弱性和景区内部交通规划的滞后性，使之经常出现季节性拥堵。遗产地接待能力有限，服务水平还有待提高，难以满足对旅游者的接待需求。

5. 现代技术冲击传统农业

目前，紫鹊界梯田区以畜力为主的精耕细作传统耕作制度发生了很大变化。在缺乏政策导向的条件下，人们为了解决生计和短期经济效益，往往更多地选择了种植单位面积产量更高、日常管理也相对简单的杂交稻，并在田间施用化肥和农药。目前，除了少数加入公司运作的有机黑米稻基地生产户外，80%以上的农户选择种植统一推广的杂交水稻，使传统特色水稻的种植面积减少。以畜力为主的田间作业的应用范围也大幅度缩减。据调查，龙普村2004年183户人养耕牛185头，到2014年全村210户仅饲养耕牛20头。如果不尽快加以引导，在现代农业发展的冲击下，紫鹊界梯田不仅将面临丧失系统所蕴含的先进理念与农业智慧的风险，而且其农业物种多样性与文化多样性将受到威胁，基于人地和谐、精耕细作的传统农业的文化传承将受到挑战。

6. 城市化发展削弱农业生产地位

由于梯田耕种的比较收益低，大量农村劳动力外出务工，不再把农业生产作为经济收入的唯一来源，农业生产的低收入性和高强度性促使新生代农民不再留恋土地，梯田撂荒开始成为时下农村的社会问题。据调查，紫鹊界梯田核心区70%以上的年轻人外出打工，家庭非农业收入平均占家庭总收入的78%。现实中由于大量年轻劳动力外出，留守的老人妇女儿童即使愿意也难以担负起保护梯田的重任，传统农业技术、精耕细作方式、乡规民约和传统民俗逐渐遗失，极大地威胁到梯田区农业生产的可持续发展，其传统农业文化传承也将面临极大挑战。

7. 现代化发展影响传统文化传承

社会的现代化发展逐渐改变了紫鹊界梯田区人们的生活方式和组织管理方式，造成传统民俗与文化传承方面的影响。首先，青年一代的农民对传统农业文化的认同感降低，对传统农业知识和技术缺乏兴趣。根据对紫鹊界梯田核心区村民进行的有关紫鹊界梯田各遗产文化要素的"熟悉或掌握"程度的现状调查显示，将年龄群以40岁和60岁为界分为青年、中年和老年群体，无论是对梯田遗产的文化特征、文化要素的认知度，还是传承度，年轻人都明显较低，60岁以上老人100%地认为农耕制度、乡规与习俗是应该保留传承的遗产要素，但年轻人的认知率只有33%，尤其是经常在外的兼职农民和回乡大学生的认知率只有25%。在各类民俗中，40岁以下的年轻人对饮食文化和武术的传承度相对较高，均在70%左右，但对于地方山歌，除了在景区从事旅游工作并接受了山歌培训者之外，年轻人基本都不会唱，呈现出濒危态势。其次，随着紫鹊界旅游资源的加快发展，与外界接触的频率增加，外来文化尤其是商业文化的冲击越来越大。旅游开发商为了迎合游客的口味或者过度追求经济效益，对部分传统文化技艺并不能保证原汁原味，甚至出现为了赚钱而粗制滥造的文化产品。紫鹊界传统的民俗和庆典活动都有特定的时间、地点，按照传统的内容和方式举行，但一些经营者为了满足游客需求，将传统习俗和庆典活动"快餐化"，使其核心价值未能得到体现。目前，紫鹊界梯田富有特色的古风民俗已经保留不多。此外，改变传统民居风格的新式住宅时有出现。

8. 生态系统受到多种因素的影响

　　紫鹊界梯田旅游发展迅速，游客数量迅猛增加，自紫鹊界梯田风景区2008年对外开放以来，旅游旺季时游客每天达5万多人，拥挤不堪。农家乐等新型旅游形式对环境的污染和破坏更令人担忧，餐饮消费宰杀的猪、羊、鸡、犬等牲畜家禽产生的废水、废弃物大量增多；肆意践踏、攀折树枝、破坏植被、乱放垃圾和大小便、随意盖房搭棚等行为，给农田的生态环境质量又增添了新的威胁。随着农村劳动力的流失，高产省工技术逐渐替代传统农业技术，化肥、农药的施用量加大，人力和畜力减少，梯田的耕作层变浅，土壤容重增加，土壤容肥、纳水能力降低，这也是农田环境质量恶化的一个重要原因。

（三）
迎接未来，抓住良好机遇

1. 优良的生态条件保障了产业基础

　　紫鹊界梯田的土壤属花岗岩风化物发育的麻沙土、黄壤土，有机质含量丰富，结构状态好，透水性强，土壤pH呈酸性或中性。土地类型多样，适宜多种经济作物和农作物生长。紫鹊界梯田在耕地土壤有机质含量等级方面含量高和极高的分别占38%和16%，有机质含量中等的占28%。紫鹊界梯田位属中低纬度地区，气候的地带性为亚热带，属中亚热带季风湿润气候，这种气候既有光温丰富的大陆性气候特色，又有雨水充沛、空气湿润的海洋性气候特色。紫鹊界梯田的基岩裂隙水储量较大，山泉、山溪众多，水资源丰富。境内森林茂密，植被完好，生物多样性丰富。紫鹊界良好的生态条件为本区发展有机农业和生态旅游提供了重要基础与保障。

2. 良好的组合条件提供丰富的旅游资源

紫鹊界梯田的面积之广大、坡度之陡峻、线条之流畅、形态之优美，充分显示出了该区域的自然美、形体美、古朴美和文化美，具有很高的美学价值和科学、文化价值。紫鹊界以梯田、植被、水系、民居四大要素组成了天人合一的农耕文化景观，又因山势起伏、湿度较大，一年四季可形成大片云雾，其色彩随着季节和时间的变化而变化，魅力无穷。紫鹊界梯田分布广泛，集中连片的梯田景观有龙普梯田、石丰梯田、金龙梯田、长石梯田、白水梯田、龙湘梯田、正龙梯田、直乐梯田等。紫鹊界梯田旅游资源与新化县梅山龙宫、上梅古镇、大熊山国家森林公园等旅游景区形成了互为补充的旅游组合产品，整体旅游资源的丰度、品味及开发条件居于湖南省前列。梯田所在的新化县旅游资源达8个主类、72个亚类、83个基本类型，其中世界级资源1处、国家级资源8处、省级旅游资源17处，整体表现为种类齐、数量多、品位高、组合优。

3. 独特的地域文化打造特色品牌

紫鹊界一带文化底蕴深厚，梅山文化源远流长，文化资源十分丰富。山歌、民歌、情歌、梅山武术广泛流传民间，"呜哇"山歌高亢、通俗而极具韵味。傩头狮舞、草龙舞、宗教傩舞风格独特。傩头狮舞为古老的生殖崇拜表演，充满原始的生活气息；草龙舞的草龙全部用稻草与野生蒿草扎成，传说其乃众龙之首，能驱鬼避邪。这里的婚嫁、生子、丧葬等习俗残存有苗瑶风俗习惯，历近千年依然如故。紫鹊界还残留有48座瑶人寨遗址，有多处瑶人居住过的岩屋，具有极高的考古价值。独特的自然环境造就了当地独特的饮食文化和土特产品，如已经形成饮食文化品牌的"十荤"十素"十饮"，优质中稻贡米和特色紫米、黑米等。

4. 外部大环境有利于促进旅游开发

近年来，我国旅游业快速发展，湖南省推出了一系列旅游发展战略，为紫鹊界梯田景区旅游的发展创造了良好的机遇。例如，省里提出构建以长沙为中心的湘三角旅游圈，发展湘北、湘中、湘南旅游，通过湘中旅游的发展连接湘西和湘东，从而提升湖南旅游的整体优势。新化县紫鹊界景区距离长沙、株洲、湘潭的距离分别是300千米、280千米、259千米，距离周边的邵阳、怀化、衡阳、益阳等地分别是130千米、168千米、255千米、237千米。这些地区与紫鹊界景区的旅游车程均在3小时以内，形成了紫鹊界景区的主要客源地。紫鹊界梯田景区与周边的旅游景区（点）已形成了互补性较强的旅游精品线路，从小尺度范围来看，与高州温泉（休闲度假村）、梅山龙宫（喀斯特岩溶地貌景观）、狮子山公园（娱乐探险）、大熊山国家森林公园等，从中尺度范围来看，与张家界、衡山、凤凰等，形成了资源各具特色、优势互补的旅游组合产品，为区域旅游的发展提供了原动力。

5. 农产品安全需求推动生态农业发展

食品安全首先是"产"出来的，没有干净的土壤、水和良好的环境不可能生产出优质的农产品。近年来，我国多地出现了耕地质量下降、土壤污染、板结、酸化的现象，依靠化肥、农药等化学品投入提高粮食的农产品供给模式已不可持续，只有保证耕地地力不断提升，发展生态友好型农业，采取种养结合，提高资源利用率，才能提高粮食等作物的持续产出能力。随着人们的生活水平和食品质量安全意识的提高，人们对优质、生态农产品的需求也将增加。农业文化遗产地具有发展生态农业的先天优势，紫鹊界梯田的生态环境质量较好，生产生态农产品的条件优越。

6. 多样性消费需求拓展农业功能

我国经济发展已步入新常态，从消费需求看，过去我国的消费具有明显的模仿型排浪式特征，现在模仿型排浪式消费阶段基本结束，个性化、多样化的消费渐成主流。农业不仅具有粮棉油、肉蛋奶等产品的生产功能，还具有重要的生态功能和生活功能，如生物多样性保护、水土保持、气候调节、休闲旅游、景观游憩、科学研究、文化传承等。随着工业化和城市化的发展，农业的生态和生活功能的重要性日益上升，为紫鹊界梯田的多功能拓展带来了发展机遇。

7. 资源环境约束唤醒传统农业生态保护思想

从资源环境约束来看，现在的环境承载能力已经达到或接近上限，必须顺应人民群众对良好生态环境的期待，推动形成绿色低碳循环的新发展方式。中国传统农业蕴含着丰富的生态学思想，如"阴阳五行说""天地人三才论"等传统自然观，认为应保护水、土、生物，循环利用资源，遵循生物间相生相克的规律等。传统农业"天地合一、因地制宜、用养结合、良性循环、持续利用"的发展模式对农业的可持续发展具有重要作用。紫鹊界梯田的森林、梯田、民居和自流灌溉"四位一体"的景观架构蕴含着丰富的资源利用和生态保护的思想。

8. 紫鹊界梯田的品牌影响力初步形成

紫鹊界梯田是世界灌溉工程遗产、国家自然文化双遗产、国家重要农业文化遗产、国家级风景名胜区、国家水利风景区、国家4A级景区。当地政府加大了对紫鹊界梯田的保护和对外宣传，积极申报国家5A级景区。新化县政府和紫鹊界风景名胜旅游开发有限公司先后组织了"紫鹊界稻谷文化节和梯田户外生活节""中国湖南省国际旅游节""旅游嘉年华——相约七夕、情定紫鹊"和"魅力潇湘、古韵新化"等系列旅游促销活动。据统计，紫鹊界景区的旅游收入从2005年的0.12亿元增长到2013年的3.22亿元，游客数量从3.03万人次增加到78.7万人次，旅游品牌影响力不断扩大。

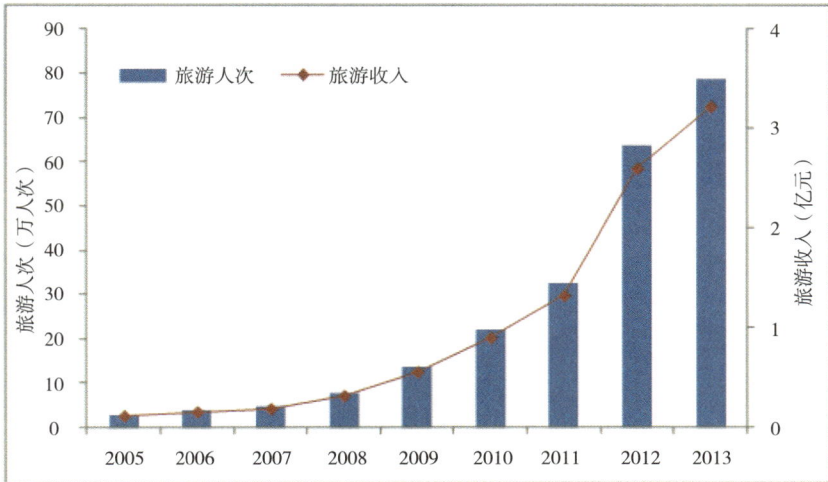

紫鹊界景区2005—2013年旅游收入和人次变化（张灿强/提供）

（四）

播种希望，共建幸福家园

1. 建立完善监测评估体系

　　进行科学、有效的遗产监测评估工作，可以促进遗产保护目标的实现，服务于遗产本体的保护及其价值的维护，实现遗产地的可持续发展。农业部在《重要农业文化遗产管理办法》中也明确提出了开展农业文化遗产监测评估的要求。紫鹊界农业文化遗产地将开展监测评估工作，建立监测年度报告和定期评估制度。年度报告制度以年份为周期，由新化县政府组织、对口管理部门负责、相关部门协助填报，并设置了解当地农业文化遗产及其保护与发展基本情况的专职填报人，通过实地调查、部门咨询、农户调研等多种途径获取报告所需的资料数据。由专家委员会以 5 年为一个评估周期对保护与发展成效进行综合评估，向农业部提交评估报告，然后由农业部根据评估报告向遗产地管理部门提供评估结果并针对存在的问题提出改进建议等。

2. 加强传统农业生态保护

基于对紫鹊界梯田农业文化遗产地传统稻作品种、其他农作物种质资源和相关动植物生物多样性的资源普查，建立种质资源基因库和生物多样性保护制度；基于对森林植被资源的普查，划分不同的功能林区，有针对性地进行森林生态资源保护；保护水源地，并建立农村自来水供水系统，确保当地居民用水安全、方便居民生活；建立农村生态环境保护机制，并兴建沼气池，使人畜粪便进入沼气池转化为清洁能源；加强对村落生活环境的治理与对乡村道路的修缮，提高生活垃圾无害化处理水平；建立农业生态监测和保护网络体系，建立灾害监测预警系统，建立农业生态示范基地，力求达到生态效益和农户经济效益的平衡。

3. 促进传统农业文化传承

广泛收集传统的梯田耕作知识和技艺，形成系统的文字、视频和图片等资料库；广泛了解、收购和收集传统耕作器具，建立专门的分类体系和保护方法；广泛收集并整理传统民俗和传统艺术的相关实物资料和文献记录，并通过现代数字化方法形成相应的音频、视频等数据资料；详细调查和记录传统饮食的制作方法和配方等，并形成相应的视频和照片、文字等记录资料；建立农耕博物馆，将收集到的相关实物、视频和照片等资料进行展览或者陈列；通过现代专业技术手段，实现对传统耕作知识、技术、器具，以及民俗艺术等的数字化展示和网络传播；定期开展传统耕作知识、耕作技术和传统民俗等的文化遗产知识培训，通过专题讲座、技能培训班、宣传画册、知识读本、农业文化遗产的保护法规与法律问答、乡规民俗知识竞赛等丰富的途径和方法，帮助社会民众更多地了解、关注和保护紫鹊界梯田，大力加强对传统农耕技术和农耕知识的传承。积极面向中小学生开展紫鹊界梯田的传统农业文化遗产教育，培育中小学生对传统农耕知识、技术、饮食、民俗等优秀传统文化的认同。

4. 实现梯田景观修复提升

确定耕地与林地的合理比例，重点保护山顶水源林，实施工程造林，提高森林覆盖率；通过对名树、古树进行挂牌、建档和专项护理等，加强对古树名木的专项保护；在保护原生态的基础上修整田埂和水圳、系统总结梯田的天然自流灌溉原理及其科学管水、用水系统，建立起图文演绎的动画宣传培训电子品；开展青年农民培训传习，恢复传统的看水员制度；加快恢复荒废梯田和水改旱梯田，确保水源保障条件下的稻作梯田面积最大化；加强对遗产地"山—水—田—屋"村落景观的整治与管理，维持其人地和谐的整体风貌；建立传统民居保护专项资金，加快修缮和恢复遗产地传统民居；对"中国传统村落"正龙村和"省历史文化名村"楼下村进行重点修缮、维护和保护性开发，积极开展楼下村"国家级历史文化名村"申报。

5. 推动农业特色产业发展

鼓励对优质传统作物品种的栽培，建立遗产地稻田专项生态补偿机制，设立梯田专项保护资金，建立鼓励传统稻作梯田生产的奖励制度，科学制定奖励标准和实施范围，完善遗产地土地流转制度，扩大梯田稻作有机农业规模；制订传统水稻耕作技术操作规程，加强传统耕作技术指导，鼓励和支持农民推广稻田养鸭、稻田养鱼等复合生态农业种养技术，提高经济效益；优化布局优质稻米生产基地、优质茶园基地，中草药高产示范基地，小杂粮生产基地，板鸭、黄牛等生态养殖基地等；加强无公害农产品、绿色食品、有机农产品和地理标志产品认证，以及对农业文化遗产标示的使用；大力发展以当地优质传统农产品为主要原料的深加工产品，并开发功能性食品，提高农产品的附加值；加大对本地优质特色产品的推介，利用电视、广播、报纸、杂志等传媒，多层次、多角度开展对各类产品的宣传，积极参加各种农产品展览和宣传活动；建立紫鹊界梯田系列农产品网络平台，集中展示遗产地的特色产品和供需等信息；在资金、技术、政策等方面给予农业企业相关扶持，培育传统品种生产的专业大户、家庭农（牧）场和合作社；借鉴现代农业经营理念，创新传统农产品经营模式，加强农户合作和联合，鼓励企业建设生产基地，发挥企业和合作社对农户的带动作用；加强对农户的传统技术指导，建立利益分享机制。

6. 整合资源发展休闲农业

打造以新化县上梅古镇旅游综合服务中心、紫鹊界梯田稻作文化体验带、大熊山山水养生带、梅山文化休闲带、紫鹊界组团、上梅古镇组团、车田江组团、梅山龙宫组团、苏溪河组团为重点的"一心、三带、六组团"的休闲农业发展格局，形成集农业生产、文化体验、生态保护、产品加工和休闲度假于一体的产业类型丰富的、特色鲜明的休闲农业发展系统。将紫鹊界梯田规划为生态农业示范区、稻作文化示范区、休闲养生示范区和创意农业园区，并设计开发相关的农业文化遗产旅游纪念品，进行展卖、宣传和推广；完善休闲农业基础设施，加强信息服务，并通过改造现有的宾馆和饭店提升旅游接待能力；明晰政府相关部门与旅游公司的定位与职能，培育居民的农业文化遗产意识，主动融入到休闲农业大发展之中，在休闲建设中重视对农民权益的保护。

7. 重视培养文化自觉能力

编写领导干部读本、农业实用技术手册、小学或初中阅读教材，在学校的展览和入学教育中也融入农业文化遗产的内容，普及紫鹊界梯田的相关知识，培养当地民众对农业文化遗产的深厚感情和自豪感，提高各利益相关方的认知及参与保护和发展的积极性；摄制宣传影视资料，制作包含紫鹊界梯田介绍的旅游宣传手册与挂历，利用报纸、广播、电视、高速路口等传统媒体进行普及宣传，同时发挥微博、微信等新兴媒体的作用，运用形式活泼、贴近生活的内容宣传农业文化遗产及其相关产品，创造有利于紫鹊界梯田农业文化遗产保护与发展的氛围；文化部门借助文化下乡等手段，开展农民教育，制作并发放电教材料宣传农业文化遗产及其保护与发展理念；农业技术部门将农业文化遗产保护与发展生态农业的要求切实落实到日常工作中，在农技知识的普及中加入农业文化遗产的部分内容；赞助、参加和举办农业文化遗产交流活动，特别是关于紫鹊界梯田的学术活动，深入挖掘系统的多重价值与多样文化；举办摄影展、征文比赛，收集、撰写和拍摄与之有关的诗歌、散文、小说、摄影作品，提高社会各界对紫鹊界梯田农业文化遗产的关注度和认知率。

8. 建立健全经营管理能力

设置紫鹊界梯田农业文化遗产保护与发展相应管理机构，充实和配备专业管理人员，由固定人员专门负责农业文化遗产的保护、发展、宣传教育以及其他各个方面的相关事宜，提升政府对农业文化遗产的保护、利用及管理能力；建立、健全适合紫鹊界梯田保护的社区参与相关规章制度，实现与农业文化遗产保护相关的决策的法制化，以确保社区参与实施的严肃性和延续性；对基层农业技术人员、管理人员和企业家进行农业文化遗产培训；建立完善的农业技术推广与培训体系，开展技术培训，提高当地居民的科技素质，并培养其多种经营能力，提高当地居民参与农业文化遗产保护与发展的积极性；建立可追溯的维护管理机制、生产履历制度和食品安全保障体系，制止违法违规行为，实现农业文化遗产保护与发展工作的健康有序；设立新化县农业文化遗产基金委员会，并每年下拨一定量专项基金，用于奖励对遗产地发展做出突出贡献的单位和个人，增加遗产地居民、企业保护农业文化遗产的积极性；引导农户以土地和劳力入股等形式参与企业生产基地的建设或参与农民专业合作社，将零散的小农生产转变为规模化的基地生产。

附录

湖南新化紫鹊界梯田

附录1　旅游资讯

（一）
旅游线路与主要景点

　　紫鹊界梯田位于娄底新化县西部，除了紫鹊界景区因为范围较大、内容丰富、景点众多，需要花费1～2天时间游览外，在其周边也有号称"亚洲最美的地质博物园"梅山龙宫、奉家桃花源等特色景点。因此整个行程可以安排2～3天时间。

紫鹊界梯田景区线路图（新化风景名胜管理处/提供）

1. 推荐线路

紫鹊界景区入口→月牙山→瑶人冲→九龙坡→丫髻寨→贡米岭→老马凼→八卦冲→正龙民居

2. 主要景点介绍

（1）月牙山观景台

月牙山的梯田排列有序、线条流畅、层次分明，像一条一条的等高线，极具形态美。茫茫山坡、层层梯田，整体布局恢弘；梯田小如碟、大如盆、长如带、弯如月，宛如天上瑶池、人间仙境。

月牙山观景台梯田风光（袁小锋/摄）

（2）瑶人冲观景台

瑶人冲过去是瑶人居住的村落，现在高山上仍留有两处瑶人岩屋和堆砌石屋遗址。瑶人冲梯田景观由两条山脊一个凼（dàng）组成，它们形成了一个"凹"字，山脊之间的凹处，过去是瑶人村寨，现在是奉姓人在这里建起的幢幢板屋。西端的塔古岭，梯田从山底直延山顶，多

瑶人冲观景台梯田风光（罗中山/摄）

达248级，似一座铁塔。梯田共有1287丘，最长的192米，最窄的0.8米，坡度都在25°～50°之间，而水土从不流失。这里没有一口山塘、一座水库，连一条像样的水渠也没有，却无需人工引水灌溉，令人叹为观止！这里抒写着瑶人开凿梯田的丰功伟绩。据文物专家考察，在这里曾找到过瑶人遗留下的瑶人函、瑶人峒、瑶人屋场等历史遗址。

（3）九龙坡观景台

从来时坳至丫髻寨之间，连续有12道山梁，起起伏伏，弯弯曲曲，而人们就在这山梁上开凿出几百亩梯田。这些梯田宛若12条金龙，争相竞越，直窜山巅。而梯田的田塍又如无数的银蛇顺着山脊的起伏蠕动，横的田坎与直的山脊组成一幅美妙的图画。夕阳西下时，在逆光的照射下，山脊、田坎的暗面与被阳光照射到的亮面形成强烈反差，将梯田清晰地送入观者眼帘，此时尤能感觉出梯田的伟岸，感觉到其格外的壮丽辉煌。傍晚，阳光在西边的晚霞中透过，无数光柱从红霞中倾泻下来，与梯田融汇成无与伦比的奇观，令人赞叹不已！

九龙坡观景台梯田风光（罗中山/摄）

（4）丫髻寨观景台

　　站在紫鹊界山门往西南方向望去，有两座并列的山峰直插云霄，如同两位少女高高盘起的发髻，故名丫髻寨。丫髻寨位于金龙村与荆竹村

丫髻寨观景台梯田风光（袁小锋/摄）

145

接壤的地方，属于荆竹村，是紫鹊界的最高峰。站在丫髻寨，纵观众山水，梯田全景一览无遗，梯田、民居、云雾构成一幅美妙的山水画。

（5）贡米岭观景台

贡米岭观景台是地处山腰的紫鹊界核心景区之一。贡米岭由黄鸡岭、蛇行岭、卧虎岭等12座岭组成，梯田就镶嵌在沟沟岭岭之间。黄鸡岭以优质的贡米香稻闻名，这种曾被皇上吃的"贡米"，就是今天此地有名的红米。相传在宋朝时，紫鹊界上有个邹法灵公，法术高强，宋兵在山顶上砍了他的头颅，他却捡起头又安在脖子上，一次次吹响反击宋兵的牛角。被宋兵几次砍杀后走到半山腰倒地而死。后人就在他倒下的地方埋葬了他，并在旁边建了座灵公庙。百姓说，黄鸡岭的畲田沾了灵公的仙气，才有了供皇帝享用的贡米丘。据《新化县志》记载，这里的梯田系花岗岩风化物发育的麻粉泥田，而且是日照时间较长的向阳坡，能种出优质香稻以进贡朝廷，故而取名为贡米岭。贡米岭观景台后10米附近有离观景台最近的"紫鹊界田园农家乐"，其自带的观景台也是景区最佳的赏景位置。

贡米岭观景台梯田风光（袁小锋/摄）

（6）老马凼观景台

老马凼由两面大山并排耸立而成，这里的梯田坡度陡峭、险峻，好似天马飞落谷底，一鸣惊人。这里始终保持着几千年来的干栏式板屋建筑风格，梯田与民居融为一体，景致独特、大气磅礴。

老马凼观景台梯田风光（袁小锋/摄）

（7）八卦冲观景台

梯田漫山遍野、层层叠叠、曲折有致，仿佛是山水画家笔下灵动飘逸的弧线，好似充满神秘和灵气的大地雕塑，像一张信手抖开的八卦图，充分体现了小巧、精致、灵动、飘逸、秀美的特点，是摄影取景的好地点，给摄影者无限的构图可能。

八卦冲观景台梯田风光（罗中山/摄）

正龙民居风光（袁小锋/摄）

（8）正龙民居

走进正龙村，你可以欣赏保存完好、堪称一绝的干栏式板屋群。这些板屋"房龄"已逾二百多年，集中成片、层层叠叠，错落有致、分布紧凑，且都具有独立空间，种有果蔬、风景树等，各栋房子之间以石板路相连，楼群间透露出江南玲珑雅致的隽秀。

（9）紫鹊阁

2013年，人们在丫髻寨的左峰修建了一座楼阁，像金字塔一样镶嵌在山顶，这就是紫鹊界景区的新亮点——紫鹊阁。紫鹊阁是俯瞰整个景区梯田大地肌理的极佳位置，是远观紫鹊界景区的重要标志点，周边群山视线范围之内的优美景观尽收眼底，因此是具有风景区形象特色和代表性的重要景观阁。

紫鹊阁（谢佰承/摄）

紫鹊阁（新化风景名胜管理处/提供）

（10）瑶人屋遗址

　　紫鹊界一带曾是瑶人聚居的地方，至今留下的地名有瑶人冲、瑶人凼、瑶人村、瑶人屋场、瑶人街等。紫鹊界东北向不远处，有一山名"救崽界"，传说这里有48座瑶人屋，现仅存一道道石墙，屋面已荡然无存。石墙一般厚1米以上，无灰浆灌缝，为自然堆砌而成。从形制上看，

瑶人屋遗址（新化文广局/提供）

瑶人屋遗址（新化文广局/提供）

一般二至三间为一组，分卧室、起居室，有的还有禽畜之圈，显然是一个完整家庭的独立居所。瑶人屋有门洞，但无窗牖，起居室内有石块砌成的烤火灰坑。在这里实地发掘出的一些碎瓷片、铁锅片、铁镰等物，经鉴定为清末时期物品，证明这时仍有瑶人在此居住。白源村的风车巷，还有瑶人街遗址，长约100余米，宽约30米不等，墙体都是石头堆砌的，保存有1米多高，屋面无存。在其周围，单门独户的瑶人屋遗址尚存不少。

（11）古石板大道

　　白源村还有一条古石板大道，由水车经由锡溪、龙湘、正龙，蜿蜒曲折逶迤而来，再经白源村的风车巷至溆浦县两丫坪，总长37.5千米，全是由青石板砌成，在白源村境内有2.5千米，保存完好，是新化至溆浦的必经之地，也是迄今仍在使用的步行大道。

（12）仙姑峡谷

　　仙姑峡谷起于长石村水口处，至直乐村的杉山，全长约1千米。相传八仙中的何仙姑曾在这里洗澡而得名。长石村里有一条小河流到水口这个地方，河床中有两个石盆，深齐肩，一股清流正好注入盆中，打着漩涡，再溢出盆外，所以盆里从无沙子沉淀，形成奇观。河床主要是奇形怪状的巨石，水从石上流过，时而湍急，时而迟缓，时而瀑布飞流，时而水漫如帘，两岸植被葱茏，时有野花缀绿，确实是一个清凉消暑的好去处。

白源村古石板大道
（新化文广局/提供）

仙姑峡谷（新化文广局/提供）

（13）白旗峰

　　长石村最闻名遐迩的景点是白旗峰，白旗峰半山腰建有白旗峰寺，分为观音殿和祖师殿两个殿，寺内有一身长8米的"镇殿神龟"。

白旗峰寺（新化文广局/提供）

白旗峰寺祖师殿镇殿神龟（新化文广局/提供）

（14）杨氏宗祠

要全面了解紫鹊界的文化、历史，得从祠堂文化入手。祠堂是宗族聚会、议事、祭祀、供奉祖宗神位的场所。明、清以来，紫鹊界及周边地区的名门望族罗、邹、杨、刘等姓氏人先后修建祠堂几十处。至今保存完好的是杨氏宗祠。

杨氏宗祠位于新化县水车镇上溪村，始建于清乾隆三十八年（1773年），后于清道光辛巳年（1821年）迁今址重建，始建至今已近250年之久。该祠坐东朝西、砖木结构，为"四合院式"。占地面积1368平方米，建筑面积2166平方米，依次为戏楼、正殿、两侧厢房，中间为长方形天井。正门牌楼为八柱三门斗拱重檐歇山顶。牌楼正中为清代直隶制台杨世福手书的"杨氏宗祠"横匾，两侧有抱鼓石座和杨世福书写的"环青堂甘泉记"石碑等，祠内珍藏有匾额、柱联、花轿和精美的镂空"双龙戏珠云龙图"工艺木雕。宗祠梁、枋、门窗及墙壁上的飞禽走兽、奇花异草等雕塑和壁画图案十分丰富，达到了一定的工艺水准，整个宗祠为新化县现存规模较大，保存较为完好，具有一定历史、科学艺术价值和地方文化特色的古建筑。2004年宗祠被文物行政部门公布为娄底市文物保护单位，2006年被湖南省人民政府公布为省级文物保护单位。

杨氏宗祠（新化文广局/提供）

(二)
饮食

前文中我们已经介绍了水车冻鱼，这里重点介绍以下几种饮食：

1. 三合汤

三合汤的主料是水牛的肚尖、黄牛的血和肉三样。牛肚不要刮掉上面的黑色物质，只用开水冲烫洗净。制作时，锅置旺火，先将肚片入锅中爆炒，再加料酒并煸炒几勺后，加水，水开置牛血牛肉，略煮，加红椒、酱油、糯米白醋、姜丁、味精、山胡椒油后出锅食用。其特点是肚脆、血软、肉松、色红、味辣，汤酸中带甜、辣中有麻、香气扑鼻，食之有除寒祛湿、通经活络、健胃益气、补血调阳的奇效。

三合汤（陈代永/摄）

2. 雪花丸子

选新鲜猪肉（最好是前腿肉），精、肥肉之比约为7∶3，再加少量荸荠肉，剁成肉泥，加入鸡蛋、花生米、野胡叶、淀粉、精盐少许，然后捏成小团，外用泡好的上等糯米裹一层，急火快蒸至糯米发胀。掀锅后即食。因丸子雪白透亮如雪花，故名雪花丸子。

雪花丸子（陈代永/摄）

3. 穇子粑蒸鸡

将穇子、糯米磨成粉后，按1∶1的

比例用凉水和好，做成食指和大拇指环成圈一样大小的粑，厚1.5厘米，每碗放9个（喻"吉祥久久"之意），油炸至脆黄待用。选1千克左右的三黄鸡，退毛去内脏，切成两指宽的鸡块，放油，大火炒去鸡中的水分，放适量盐和姜片，小火炒至鸡皮带黄，放少许白胡椒粉，出锅。找一个广口紫砂碗，把鸡一半放碗底、一半放碗上，中间放穇子粑，这样可以使穇子和鸡的香气融和（若把粑放碗底，会粘碗）。再放入高压锅中蒸，上大气后，9分钟左右即可取出食用。穇子粑蒸鸡不但营养好，而且有滋阴养胃、利水消肿的功效。

穇子粑蒸鸡（陈代永/摄）

4. 风干板鸭

"中峒梅山搐棚放鸭"是古梅山从渔猎文化向稻作文化转化过程的佐证。紫鹊界村民习惯于稻田养鸭，每家每户都有饲养。每年秋收以后，当鸭子成熟肥壮时，将鸭宰杀去毛，加食盐佐料，稍做腌制，即挂在当风的阳台上风干。这种板鸭，肥而不腻，香酥可口，是一种十分抢手的外销食品。

风干板鸭（白艳莹/摄）

5. 柴火腊肉

把猪肉砍成1～2千克重的块，不落水，用粗盐腌制数天后悬挂于柴火灶上，任其烟熏火燎，至整块如黑炭。吃时洗净，切片，或炒或蒸，其色透明棕红，油而不腻，味极佳。柴火腊肉可久存，最少也可以吃个对年。

柴火腊肉（陈耆验/摄）

6. 米粉肉

取猪前腿带皮肉，五花肉更好。切片，加八角、桂皮、五香粉、酱油、味精等，置盘中半小时，令其"发汗"，再以米粉拌匀，入蒸锅加急火，待肉块膨胀熟烂即可。另外，在米粉肉下面还可放芋头、盐菜、马铃薯、甘薯、藕等。还有一种坛子米粉肉，制作简单：取鲜猪肉加盐，以米粉拌匀，密封于坛中。一月后取出蒸食，略带酸味，油色润泽，不腻口。

米粉肉（肖新凡/摄）

7. 酸辣醋汤鱼

取500～1000克重的鱼，剖好切块，放油锅中稍煎后加水煮，待鱼快熟时加坛子里的白辣椒稍煮，加鱼香叶、甜酒酿、米醋、精盐、味精，起锅。其特点是酸辣香甜，新鲜入口。

酸辣醋汤鱼（陈代永/摄）

8. 鸭子粑

取初肥仔鸭为主料，剖开后除去内脏，将鸭骨头用刀背打碎，肉捶软，再切成小块（越小越好），入锅油炒，加盐、酱油、姜末等佐料，宽汤（多放点汤水）煮沸至八成熟，再加入米粉拌和成粑即可。

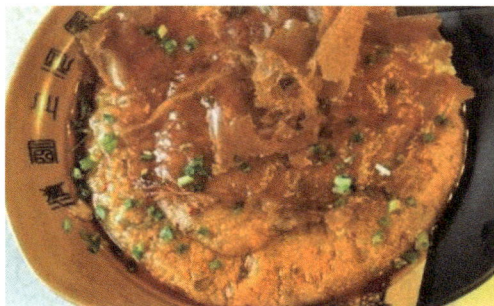

鸭子粑（陈耆验/摄）

9. 猪大肠粑

猪大肠洗净，入沸水中滚烫片刻再洗，切丝，滚油爆炒，拌红椒、姜丝再炒，加入食盐、味精等调料，加水煮沸，和米粉，煮熟。味道很好。

猪大肠粑（陈代永/摄）

10. 糍粑

糍粑是紫鹊界过春节家家必备之物，用上等糯米蒸熟后，倒入特制的石臼中，两壮汉用长柄木槌，趁热将其捣成糊状，然后一个个放好压平，散上生粉，冷却后点上食品红，有的还粘上松叶，十分好看。食时，可煨、可炸、可蒸、可煮，冲入甜糟酒更别具风味。

糍粑（刘富来/摄）

11. 杯子糕

杯子糕是一种很受老人、小孩喜爱的甜食品，是将上等大米发水后磨成米浆，盛于杯子中，用旺火蒸熟而成。杯子糕状如元宝，大如婴拳，味香甜，色透明，分黄白二种。黄以红糖、米糖调色，称金元宝；白以白糖或糖精拌和，称银元宝。其形有凹凸两样，没有发酵的为凹形称肚脐糕，质密而嫩，嚼之如炖蹄筋；发酵的为凸形称杯子糕，一口咬开，满是蜂巢气眼，既耐嚼又爽口。最妙是刚出笼之时，

杯子糕（谢佰承/摄）

热腾腾、香喷喷、胖乎乎、颤巍巍、黏答答、甜滋滋。

12. 醋荞粑

醋荞粑是一种即将失传的美食。其原料为甜荞籽、麦芽或谷芽（晒干），制作时将原料均磨成细粉，用温水搅拌后用手揉成粑料，做成馒头状。然后用一种阔叶，如荷叶或桐子叶，将粑包好，置于有隔断的铁锅中，先用旺火蒸煮，待上气后，改用小火醋，醋至十多个小时后，让麦芽粉的糖分与荞粉的甘甜充分融合，最后用旺火蒸熟。食用时将粑从叶中取出，

醋荞粑（新化文广局/提供）

切成小片食用。这种醋荞粑甘甜带凉苦，气味芬芳，营养丰富，和糁子粑一样，是一种有开发价值的食品。

13. 白溪豆腐

白溪豆腐是湖南资水四十八绝中最著名的一绝，早在北宋年间就已驰名资水流域，有"走遍天下府，白溪好豆腐"的美誉。白溪豆腐讲求"味美、形美、色美"之三美，其味清新爽口、细腻可口、味道多样，制作方式极为讲究，吃法多样，可烧、可煎、可汤、可烩。传统品种有辣椒豆腐汤、水豆腐、油炸豆腐、干豆腐及五香豆腐等，还可以用于炖鱼、炖泥鳅等，产品远销欧美各国。

白溪豆腐（陈标新/摄）

14. 泥鳅钻豆腐

取鲜嫩细活的豆腐置锅中，加水加油煮，待豆腐滚开，放入早几天养在清水里的新鲜泥鳅（此时泥鳅在清水里早已将肚中废物排尽），加盖急火煮沸，泥鳅遇热纷纷钻入豆腐中。然后加精盐、辣椒、生姜等佐料制成，味道鲜美。

泥鳅钻豆腐（新化风景名胜管理处/提供）

15. 擂茶

新化人待客最先端出来的必是擂茶。擂茶以"三豆"（黄豆、绿豆、黑豆）和"三米"（糯米、苡米、花生米）为主料，拌以芝麻、青茶、白糖，将其炒香，置于带齿的擂钵中，用长柄擂锤擂碎；锅置旺火上，待新鲜山泉水烧开，将料倒入水中搅拌，加入细茶、姜末和盐，然后用勺子将擂茶倒入碗中，趁热饮用，香甜可口。

擂茶（王超/摄）

16. 米甜酒

凡是到过新化的人，总是忘不了新化的米甜酒。新化话说，蒸酒打豆腐，要请老师傅。要想真正蒸出一缸好米酒来，确

实需要一点好技术。不然，弄不好就成了酸酒。米甜酒的制作方法是：将纯净优质糯米浸泡后，蒸熟，掺和适量酒酿入内，置缸中约24小时即成甜酒。除了米甜酒外，新化还出产甜糟酒、甜水酒、米烧酒。如果封存一年便是好陈酒，封存多年的叫窖酒。此外，还有杨梅酒、苡米酒等。这些都是酒客最爱的杯中之物。

米甜酒（王超/摄）

17. 水酒

水酒是一种家庭常备饮品。用上等糯米蒸熟，在20℃左右温度下将酒药与之搅拌，用稻草蒲团盖好，保持温度数天，酒成，移于另缸封存。如家里有人坐月子，则投入当归片浸泡其中。食时，取酒并糟用带嘴的砂罐加水在火上煮开，放入白糖（产妇用红糖），饮用。如果趁酒沸时冲入鸡蛋，更为上等饮品。还有一种以大米为原料做的水酒，蒸煮方法同做糯米酒，只是用药用水比糯米酒多，发酵后产生大量酒液。食时，用特制的竹篾筒插入酒缸中，取其液而饮。此种酒甜而不腻，香气沁人，酒精度在10°左右，深受人们喜爱。

水酒（罗治柏/摄）

18. 米酒

米酒又称烤烧酒，一般是用大米蒸煮并充分发酵后，将料倒入大铁锅，上置酒甑，甑上方有一气孔与冷却管相连，火将酒料烧开后产生大量蒸气，蒸气沿导管冷却后即成酒液，其酒精度一般在30°左右。湘中农家，几乎家家备有此种米酒，酒糟可喂猪，一举两得。

米酒（罗治柏/摄）

19. 苡米茶

此品虽名叫茶，其实不是茶，但可以作茶饮用。取上等糯米浸泡，蒸熟，阴干（不能晒，一晒即碎），再用砂锅炒，使之膨胀。须掌握好火候和时辰，否则，或是不发胀，或是炒过火呈黄色，都不是佳品。饮用时，加点姜末或胡椒粉，然后用沸水（或滚开的鲜鸡汤）冲泡即成。此茶软润香甜，口齿生香。

苡米茶（新化风景名胜管理处/提供）

20. 凉水

此凉水非彼凉水，是一种从凉树藤中搓揉出来的凉水。当地多凉树藤，绕树生长，春开白花，特香，夏时结果。果呈长方形，稍圆。摘果，取出果实中小籽，捣碎，用纱巾包住浸入新鲜泉水中反复搓揉，拌以香灰或石灰水。数小时后，果汁与水凝成透明冰凉软体。食时拌以米醋、白糖，柔滑冰凉，香甜解暑，是度夏的美食。

凉水（王超/摄）

21. 梅山贡茶

新化产茶历史悠久，有史籍可溯至唐代。唐人杨晔著《膳夫经手录》中载，"渠江（指新化）薄片（茶叶），色如铁而芳香异常，烹之无渣。"明洪武时，梅山茶叶被列为贡茶。至清咸丰时，广东商贾至县收购红茶转销欧美。大熊山的"绞股蓝茶"、水车的"月芽茶"、奉家的"云雾茶"一直驰名国内外。

梅山贡茶
（新化风景名胜管理处/提供）

（三）
住宿

紫鹊界景区内有多家农家乐可供选择，比如"民俗演艺中心""永幸农家乐""紫鹊人家"、紫鹊楼宾馆、龙奉山庄等。

1. 民俗演艺中心

紫鹊界演艺中心位于水车镇石丰村、梯田核心景区老马凼和八卦冲的交汇处，四周绿树成荫、环境清幽，地理位置优越。其被娄底市旅游局评为娄底地区唯一的四星级农家乐，被新化县消费者委员会先后评为"诚信示范单位""消费安全最具社会责任单位"。其被列为湖南省50家最值得去的农家乐，将成为湖南省著名的自驾游基地之一。

演艺中心有客房151个床位，其中41个房间有独立卫生间，有可容纳120人的大会议室1间、可容纳32人的小会议室1间，同时可供300人用餐。中心干净整洁，气味清新，宽敞明亮，舒适宜人。演艺中心的特色菜肴烤全羊、鱼冻、柴火腊肉、板鸭、猪血丸子等，深受游客青睐，其中烤全羊更是远近闻名。中心是梯田里唯一具有消防和特种行业许可证的正规单位。备有专用停车场，装有视频和安防监控设施，免费提供WiFi服务，设有围棋、象棋、扑克、跳棋、字牌、麻将等娱乐项目，还有羽毛球、露天卡拉OK等互动项目。

紫鹊界演艺中心（新化风景名胜管理处/提供）

演艺中心流转农田326亩，用于种植红米、黑米。种植板栗、梨、杨梅等果园24亩，优质茶园73亩，即将开发的荒山985亩。养有山羊、生猪、鸡、鸭、泥鳅、野山鸡。开发有插秧、收稻子、捉泥鳅、挖竹笋、采野蕨菜、采茶、摘梨、捡板栗、采杨梅等传统农业体验项目。演艺中心自开业以来，以挖掘和发展本地民俗文化为重任，多次举办了板凳拳、烟斗拳、上刀山、硬气功、双刀等梅山武术表演，出演了舞草龙、傩面狮舞、紫鹊龙腾、山歌演唱等众多民俗节目。

2. 永幸农家乐

进入紫鹊界山门，沿着盘旋而上的旅游公路行驶5千米，便到了景区一家生意红火的农家乐——永幸农家乐。节假日，来这里的游人和过往者都会看到，这里的餐厅总是座无虚席，住宿总是早早地亮出了"客满"牌子，女老板罗铁平总是面带微笑地热心招呼每一位顾客，使远近客人不知不觉中都有了宾至如归的感觉。这家农家乐由奉光普和罗铁

永幸农家乐（谢佰承/摄）

平夫妇于2006年开办，他们本着诚信经营、薄利多销的经营理念，把永幸农家乐经营得有声有色。此外，2007年7月19日，罗铁平与前来调研的湖南省前省长周强合影，也提高了永幸农家乐的知名度，推动了其发展。

3. 紫鹊人家

从紫鹊界山门行车6千米，到龙普村小学，路上有一座柴门，上书"紫鹊人家"四字。这家的主人叫罗青姣。2003年，她用两口子在外打拼多年的积蓄，建了一栋240平方米的住房，2005年开始试着拿几间房接待游客，不想生意很不错。2006年，她加高一层木板屋，外围也装饰了木板，搞成古色古香的样子，住房内部改作客房，学习宾馆的做派增

紫鹊人家（新化风景名胜管理处/提供）

加了洗手间，购置了热水器、电视机，办起了餐饮，兴起了农家菜，被褥实行一客一换，里里外外干干净净，一尘不染。就这样，一个初具规模有30个床位的农家乐办起来了，并一举评上了三星级农家乐。接着，她又在朋友的帮助下开办影友之家，接待省内外慕名前来摄影的发烧友，并提供热情周到的服务。近年来，紫鹊人家又扩建客房、修建水泥路和停车场，生意越做越红火。

更为客人喜欢的是这里的饭菜，它们令客人胃口大开、赞不绝口。两口子拿上餐桌的菜和鸡鱼羊猪肉、蛋品，都是地方土产，其主食亦是本地的有机产品。她还腌制了具有独特风味的扎菜、酸菜、剁辣椒、蕨类食品，等等。所以，凡来过影友之家、吃过这里饭菜的人，无不称赞其色香味俱全。吃得好、睡得香、玩得开心是罗青姣的服务宗旨，也是游客一致对她的赞誉。

紫鹊人家（新化风景名胜管理处/提供）

（四）
交通

紫鹊界周边没有火车站和机场，去紫鹊界的游客一般都是乘飞机或者坐火车到长沙，再由长沙到新化，最后由新化县城到紫鹊界景区。

1. 长沙到新化

（1）汽车

长沙汽车西站和南站都有到新化的班车，南站多一些，最早一班在7:40，半小时一班，票价30～75元/人。从长沙市区到汽车南站可从长沙火车站乘7路和107路公交。

（2）火车

从长沙到新化的高铁从早8:05到晚7:41之间一共有十几次，运行时间只有一个多小时，十分方便。还有其他的一些普通列车可供选择，一般需要三个多小时，价格比高铁要便宜一些。

（3）自驾

长沙到新化大约270千米。从长沙南站出城上高速，在娄底东下高速，需要约一个半小时。如果在服务区吃饭再上路，到新化湘运汽车站约需要两个半小时。下高速以后的路比较差，后一段稍好。

2. 新化到紫鹊界

新化到水车每天共计13趟车，除楼下、白源、长石3班从炉观、文田过，其他10班都从洋溪、鸭田过，即经过新化南站（洋溪高铁站）。

班次	新化发车时间	过境班车信息
1班	07:20	新化–奉家
2班	09:30	新化–水车
3班	10:30	长沙（星沙）–水车
4班	11:30	新化–上团
5班	12:30	新化–向北
6班	13:25	新化–白源
7班	13:30	新化–奉家
8班	13:45	新化–长石
9班	14:20	新化–老庄（锡溪）
10班	15:00	娄底–水车
11班	16:30	新化–水车
12班	12:30	新化–楼下
13班	17:00	长沙（星沙）–水车

（五）
气候

　　紫鹊界属中亚热带季风气候，年平均气温13.7℃，最高气温39.0℃，最低气温–13.0℃；年降水量1 650～1 700毫米，年均无霜期260天，≥10℃的年活动积温5 296℃，年均日照时数1 488小时。四季分明，但春温多变，寒潮频繁。境内常年降水颇丰，但时空分布不均，雨量多集中于春末夏初。

紫鹊界梯田四季景观（新化风景名胜管理处/提供）

周朝，紫鹊界属于荆州；

春秋时期，紫鹊界属于战国楚地；

秦朝，紫鹊界属于长沙郡；

汉朝，紫鹊界属于益阳县旧梅山地，后汉隶属昭陵；

汉高帝五年（前202年），封开国功臣吴芮为长沙王，梅铜从之，以今新化、安化一带为家，遂称梅山；

后唐天成四年（929年），楚王马殷遣江华指挥使王全率精兵3 000人攻打梅山，结果全军覆没；

北宋开宝八年（975年），宋将石曦攻入梅山，捣毁板、仓诸峒，俘馘（割左耳）峒民数千人；

宋太宗太平兴国二年（977年）秋，朝廷遣翟守素攻打潭州一带的"梅山蛮"，俘虏斩杀众多"梅山蛮"；

北宋神宗熙宁五年（1072年），派章惇收复梅山，置新化县，也就是著名的"开梅山"事件；

元明鼎革时，紫鹊界罗姓、杨姓两家积极参与了元明之间的战争；

明朝时，紫鹊界爆发了长达75年的农民起义（1519—1583年）；

明清鼎革时，紫鹊界依然战事不止；

清朝中叶，大的战乱平息，但征剿苗瑶仍是朝廷重要任务之一；

1949年，新化县人民政府成立，属邵阳专区；

1956年，著名民间歌手伍喜珍把一首高腔山歌《郎在高山打鸟玩》唱进了中南海怀仁堂，博得了毛泽东、周恩来等中央领导的赞扬；

1998年，新化县文田镇龙溪村11组出土了新石器时代晚期的三把磨制石矛，证明早在4 000多年前紫鹊界这个地方就有人类居住；

2005年12月，紫鹊界被中华人民共和国国务院批准为国家级风景名胜区；

2006年1月，紫鹊界被中华人民共和国建设部批准为国家自然与文化遗产；

2006年8月，紫鹊界梯田——梅山龙宫风景名胜区管理处成立；

2006年10月，在新化成功举办"中国第四届梅山文化学术研讨会暨首届梅山旅游文化艺术节"；

2008年，新化山歌被列入国家级非物质文化遗产名录；

2008年，三合汤被列入北京奥运会运动员食谱；

2008年8月，新化县紫鹊界风景名胜旅游开发有限公司成立；

2008年9月，中国湖南国际旅游节暨紫鹊界梯田首游庆典开幕，标志着紫鹊界梯田正式对游客开放；

2009年8月，紫鹊界被中华人民共和国水利部批准为国家水利风景名胜区；

2009年11月，湖南省第十一届人民代表大会常务委员会第十一次会议通过《湖南省紫鹊界梯田梅山龙宫风景名胜区保护条例》；

2010年，紫鹊界18万亩特色稻顺利通过了"中国农产品地理标志保护产品"认证；

2010年，楼下村被评选为湖南省级历史文化名村；

2011年，梅山傩戏列入国家级非物质文化遗产名录；

2011年，正龙村被评为娄底市最美乡村；

2011年9月，中国首届国际稻谷文化节暨梯田户外生活节在紫鹊界梯田举行；

2012年9月，湖南首届大梅山文化旅游节暨紫鹊界世界梯田研讨会在紫鹊界梯田开幕；

2012年12月，紫鹊界梯田被评定为国家AAAA级旅游景区；

2013年，正龙村被评为湖南省旅游特色名村；

2013年5月，紫鹊界梯田被中华人民共和国农业部批准为中国重要农业文化遗产；

2013年8月，上团村被认定为第二批"中国传统村落"；

2013年9月，紫鹊界梯田遗产保护研讨会在新化县召开；

2013年10月，紫鹊界梯田最高观景台丫髻寨正式建成并对外开放；

2014年，正龙村和下团村被国家列入第三批中国传统村落；

2014年，梅山武术被列入国家级非物质文化遗产名录；

2014年9月，紫鹊界梯田被国际灌溉排水委员会列为世界灌溉工程遗产，并进入联合国教科文组织遗产系列名录；

2014年11月，正龙村被农业部认定为中国最美休闲乡村；

2014年12月，紫鹊界舞草龙荣获农业部休闲农业创意精品推介活动创意优秀奖；

2015年1月，正式启动紫鹊界梯田全球重要农业文化遗产的申报工作；

2015年10月，紫鹊界梯田举办了"中国紫鹊界首届（国际）大地艺术节"。

附录3 全球/中国重要农业文化遗产名录

1. 全球重要农业文化遗产

2002年，联合国粮农组织（FAO）发起了全球重要农业文化遗产（Globally Important Agricultural Heritage Systems, GIAHS）保护项目，旨在建立全球重要农业文化遗产及其有关的景观、生物多样性、知识和文化保护体系，并在世界范围内得到认可与保护，使之成为可持续管理的基础。

按照FAO的定义，GIAHS是"农村与其所处环境长期协同进化和动态适应下所形成的独特的土地利用系统和农业景观，这些系统与景观具有丰富的生物多样性，而且可以满足当地社会经济与文化发展的需要，有利于促进区域可持续发展"。

截至2017年3月底，全球共有16个国家的37项传统农业系统被列入GIAHS名录，其中11项在中国。

全球重要农业文化遗产（37项）

序号	区域	国家	系统名称	FAO批准年份
1	亚洲	中国	中国浙江青田稻鱼共生系统 Qingtian Rice-Fish Culture System, China	2005
2			中国云南红河哈尼稻作梯田系统 Honghe Hani Rice Terraces System, China	2010
3			中国江西万年稻作文化系统 Wannian Traditional Rice Culture System, China	2010

序号	区域	国家	系统名称	FAO批准年份
4	亚洲	中国	中国贵州从江侗乡稻-鱼-鸭系统 Congjiang Dong's Rice–Fish–Duck System, China	2011
5			中国云南普洱古茶园与茶文化系统 Pu'er Traditional Tea Agrosystem, China	2012
6			中国内蒙古敖汉旱作农业系统 Aohan Dryland Farming System, China	2012
7			中国河北宣化城市传统葡萄园 Urban Agricultural Heritage of Xuanhua Grape Gardens, China	2013
8			中国浙江绍兴会稽山古香榧群 Shaoxing Kuaijishan Ancient Chinese *Torreya*, China	2013
9			中国陕西佳县古枣园 Jiaxian Traditional Chinese Date Gardens, China	2014
10			中国福建福州茉莉花与茶文化系统 Fuzhou Jasmine and Tea Culture System, China	2014
11			中国江苏兴化垛田传统农业系统 Xinghua Duotian Agrosystem, China	2014
12		菲律宾	菲律宾伊富高稻作梯田系统 Ifugao Rice Terraces, Philippines	2005
13		印度	印度藏红花农业系统 Saffron Heritage of Kashmir, India	2011
14			印度科拉普特传统农业系统 Traditional Agriculture Systems, India	2012
15			印度喀拉拉邦库塔纳德海平面下农耕文化系统 Kuttanad Below Sea Level Farming System, India	2013

续表

序号	区域	国家	系统名称	FAO批准年份
16	亚洲	日本	日本能登半岛山地与沿海乡村景观 Noto's Satoyama and Satoumi, Japan	2011
17			日本佐渡岛稻田–朱鹮共生系统 Sado's Satoyama in Harmony with Japanese Crested Ibis, Japan	2011
18			日本静冈传统茶–草复合系统 Traditional Tea–Grass Integrated System in Shizuoka, Japan	2013
19			日本大分国东半岛林–农–渔复合系统 Kunisaki Peninsula Usa Integrated Forestry, Agriculture and Fisheries System, Japan	2013
20			日本熊本阿苏可持续草地农业系统 Managing Aso Grasslands for Sustainable Agriculture, Japan	2013
21			日本岐阜长良川流域渔业系统 The Ayu of Nagara River System, Japan	2015
22			日本宫崎山地农林复合系统 Takachihogo–Shiibayama Mountainous Agriculture and Forestry System, Japan	2015
23			日本和歌山青梅种植系统 Minabe–Tanabe Ume System, Japan	2015
24		韩国	韩国济州岛石墙农业系统 Jeju Batdam Agricultural System, Korea	2014
25			韩国青山岛板石梯田农作系统 Traditional Gudeuljang Irrigated Rice Terraces in Cheongsando, Korea	2014
26		伊朗	伊朗喀山坎儿井灌溉系统 Qanat Irrigated Agricultural Heritage Systems of Kashan, Iran	2014

序号	区域	国家	系统名称	FAO批准年份
27	亚洲	阿联酋	阿联酋艾尔与里瓦绿洲传统椰枣种植系统 Al Ain and Liwa Historical Date Palm Oases, the United Arab Emirates	2015
28		孟加拉	孟加拉国浮田农作系统 Floating Garden Agricultural System, Bangladesh	2015
29	非洲	阿尔及利亚	阿尔及利亚埃尔韦德绿洲农业系统 Ghout System, Algeria	2005
30		突尼斯	突尼斯加法萨绿洲农业系统 Gafsa Oases, Tunisia	2005
31		肯尼亚	肯尼亚马赛草原游牧系统 Oldonyonokie/Olkeri Maasai Pastoralist Heritage Site, Kenya	2008
32		坦桑尼亚	坦桑尼亚马赛游牧系统 Engaresero Maasai Pastoralist Heritage Area, Tanzania	2008
33			坦桑尼亚基哈巴农林复合系统 Shimbwe Juu Kihamba Agro-forestry Heritage Site, Tanzania	2008
34		摩洛哥	摩洛哥阿特拉斯山脉绿洲农业系统 Oases System in Atlas Mountains, Morocco	2011
35		埃及	埃及锡瓦绿洲椰枣生产系统 Dates Production System in Siwa Oasis, Egypt	2016
36	南美洲	秘鲁	秘鲁安第斯高原农业系统 Andean Agriculture, Peru	2005
37		智利	智利智鲁岛屿农业系统 Chiloé Agriculture, Chile	2005

2. 中国重要农业文化遗产

　　我国有着悠久灿烂的农耕文化历史，加上不同地区自然与人文的巨大差异，创造了种类繁多、特色明显、经济与生态价值高度统一的重要农业文化遗产。这些都是我国劳动人民凭借独特而多样的自然条件和他们的勤劳与智慧，创造出的农业文化的典范，蕴含着天人合一的哲学思想，具有较高的历史文化价值。农业部于2012年开始中国重要农业文化遗产发掘工作，旨在加强我国重要农业文化遗产的挖掘、保护、传承和利用，从而使中国成为世界上第一个开展国家级农业文化遗产评选与保护的国家。

　　中国重要农业文化遗产是指"人类与其所处环境长期协同发展中，创造并传承至今的独特的农业生产系统，这些系统具有丰富的农业生物多样性、传统知识与技术体系和独特的生态与文化景观等，对我国农业文化传承、农业可持续发展和农业功能拓展具有重要的科学价值和实践意义"。

　　截至2017年3月底，全国共有62个传统农业系统被认定为中国重要农业文化遗产。

中国重要农业文化遗产（62项）

序号	省份	系统名称	农业部批准年份
1	北京	北京平谷四座楼麻核桃生产系统	2015
2		北京京西稻作文化系统	2015
3	天津	天津滨海崔庄古冬枣园	2014
4	河北	河北宣化城市传统葡萄园	2013
5		河北宽城传统板栗栽培系统	2014
6		河北涉县旱作梯田系统	2014
7	内蒙古	内蒙古敖汉旱作农业系统	2013
8		内蒙古阿鲁科尔沁草原游牧系统	2014
9	辽宁	辽宁鞍山南果梨栽培系统	2013
10		辽宁宽甸柱参传统栽培体系	2013
11		辽宁桓仁京租稻栽培系统	2015

序号	省份	系统名称	农业部批准年份
12	吉林	吉林延边苹果梨栽培系统	2015
13	黑龙江	黑龙江抚远赫哲族鱼文化系统	2015
14		黑龙江宁安响水稻作文化系统	2015
15	江苏	江苏兴化垛田传统农业系统	2013
16		江苏泰兴银杏栽培系统	2015
17	浙江	浙江青田稻鱼共生系统	2013
18		浙江绍兴会稽山古香榧群	2013
19		浙江杭州西湖龙井茶文化系统	2014
20		浙江湖州桑基鱼塘系统	2014
21		浙江庆元香菇文化系统	2014
22		浙江仙居杨梅栽培系统	2015
23		浙江云和梯田农业系统	2015
24	安徽	安徽寿县芍陂（安丰塘）及灌区农业系统	2015
25		安徽休宁山泉流水养鱼系统	2015
26	福建	福建福州茉莉花与茶文化系统	2013
27		福建尤溪联合梯田	2013
28		福建安溪铁观音茶文化系统	2014
29	江西	江西万年稻作文化系统	2013
30		江西崇义客家梯田系统	2014
31	山东	山东夏津黄河故道古桑树群	2014
32		山东枣庄古枣林	2015
33		山东乐陵枣林复合系统	2015
34	河南	河南灵宝川塬古枣林	2015
35	湖北	湖北赤壁羊楼洞砖茶文化系统	2014
36		湖北恩施玉露茶文化系统	2015

续表

序号	省份	系统名称	农业部批准年份
37	湖南	湖南新化紫鹊界梯田	2013
38		湖南新晃侗藏红米种植系统	2014
39	广东	广东潮安凤凰单丛茶文化系统	2014
40	广西	广西龙胜龙脊梯田系统	2014
41		广西隆安壮族"那文化"稻作文化系统	2015
42	四川	四川江油辛夷花传统栽培体系	2014
43		四川苍溪雪梨栽培系统	2015
44		四川美姑苦荞栽培系统	2015
45	贵州	贵州从江侗乡稻-鱼-鸭系统	2013
46		贵州花溪古茶树与茶文化系统	2015
47	云南	云南红河哈尼稻作梯田系统	2013
48		云南普洱古茶园与茶文化系统	2013
49		云南漾濞核桃-作物复合系统	2013
50		云南广南八宝稻作生态系统	2014
51		云南剑川稻麦复种系统	2014
52		云南双江勐库古茶园与茶文化系统	2015
53	陕西	陕西佳县古枣园	2013
54	甘肃	甘肃皋兰什川古梨园	2013
55		甘肃迭部扎尕那农林牧复合系统	2013
56		甘肃岷县当归种植系统	2014
57		甘肃永登苦水玫瑰农作系统	2015
58	宁夏	宁夏灵武长枣种植系统	2014
59		宁夏中宁枸杞种植系统	2015
60	新疆	新疆吐鲁番坎儿井农业系统	2013
61		新疆哈密哈密瓜栽培与贡瓜文化系统	2014
62		新疆奇台旱作农业系统	2015